S'ENSVIVENT PLVSIEVRS
QVESTIONS RECREATIVES, POVR
DELECTER ET AGVISER L'ENTENDEMENT.

1. N Marchand employe L 90 à diuerses épiceries, à sçauoir en poiure, à 3 ß la lb. cloux de girofles à 5 ß la lb. & en saffran à 22 ß la lb. en prenant de l'vne sorte autant de lb. que de l'autre: on demande combien de lb. il aura? facit 60.

$$
\begin{array}{ccc}
3 & & \\
5 & & 90 \\
22 & & 20 \\
\hline
3|0 \cdots 1 \cdots 180|0 \text{--facit 60 lb.}
\end{array}
$$

2. Vn Marchand en Anuers achepte du velours à 13 $\frac{2}{3}$ ß l'aulne, & il l'enuoye à Dantzig, & illec luy reuient l'aulne à 70 $\frac{71}{72}$ gros polonois, sans les fraiz: on demande, quelle proportion les aulnes d'Anuers ont à celles de Dantzig, quand le pair est compté à 134 $\frac{1}{2}$ gros? facit comme 6 à 5.

$$
\begin{array}{ccc}
20 \cdots 134\frac{1}{2} \cdots 12\frac{2}{3} & & \\
6 & & \\
269 & 38 & \\
120 \quad 38 & & 7^{\text{i}} \\
& & 70 \, \overline{} \\
2152 & & 72 \\
807 & & \\
\hline
120 \text{---} 10222 & & 5^{\text{i}}11 \\
& & \overline{72}
\end{array}
$$

$$
60 \cdots 5^{i}11 \bigtimes 5^{i}11 \\
60 \qquad 72 \\
\hline
72 \cdots 60
$$

Facit   6 ... 5.

3. Vn Marchand veut employer L.296, ß 10 --- ß, & veut auoir du

poiure à 3 ß la lb. du cloux de girofles à 5 ß la lb. & du faffran à 22 ß la lb. en la forte comme s'enfuit; à fçauoir que quand il prend 2 lb. du faffran, il prend 3 lb. des cloux de girofles, & pour 7 lb. des cloux de girofles, il prendra 2c lb. du poiure: on demande combien de lb. il prendra de chafque forte ? facit lb. 140 du faffran, lb. 210 des cloux, & lb. 600 du poiure.

```
                    2 . 3  X  7 . 20
   296.10. --- |7   7  X  3    3
     20
    ————       \ 14 . . 21 . . 60
    5930         22     5     3
                ————————————————
                308 . 105 . 180
                105
                180                 ⌠ 308 --- 3080
               ————                ⎰ 105 fa. 1050
                593 . . . 5930 . . ⎱ 180 --- 1800
               ————                ⌡
                1 . . . 10              ß 5930
```

```
  22 ] 3080        5 ] 1050       3 ] 1800
  Facit 140 lb.     - 210 lb.      600 lb.
```

4. Vn feigneur prend vn feruiteur pour vn an, auquel il promet pour fon falaire 40 florins & vn cheual; & apres fix mois ils deuiennent en difcord: de forte que le feruiteur demande fon falaire; & ayant compté enfemble, il reçoit auec ledit cheual encore 10 florins: on demande à combien le cheual eft compté? facit à 20 florins.

```
   12 . . . 40 . . . 1 ch.
    6 . . . 10 . . . 1 ch.
   ————————————————————————
    6 . . . 30 . . . 12
    1        2        2
            ————
             60
             40
```

Facit 20 florins pour le cheual.

5. Vn homme chaffe vn liévre, qui court deuant le chien 50 fauts du chien: & autant de fois que le liévre fait 7 fauts, le chien n'en fait que 5; mais 2 fauts du chien, font 3 fauts du liévre: on demande en combien de fauts le chien atteint le liévre ? facit en 750 fauts.

$$5$$
$$4\tfrac{2}{3}$$

$$\mathfrak{g}\ldots 2\ldots 7$$

$$2$$

$$3)14 \qquad \tfrac{1}{3}\ldots 5\ldots 50$$
$$4\tfrac{2}{3} \qquad\qquad 3$$

$$1\ldots 15$$
$$50$$

Facit 750.

6. Si vne aulne de toille couste 7 $\mathfrak{g}$, les 765 cousteront L 22. $\mathfrak{g}$ 75. combien de deniers sont comptez pour vne L ? facit 240.

$$765$$
$$7$$

$$5355$$
$$75$$

$$22\ldots 5280\ldots 1$$

$$11.11)\ 26\ 0$$

Facit 2 $\mathfrak{o}\mathfrak{g}$

7. Si 40 Daldres & β 18. $\mathfrak{g}$ 4. valent L 11: combien vaut vn daldre? facit β 59$\tfrac{1}{2}$.

$$11 \qquad 18.4$$
$$240 \qquad 12$$

$$2640 \qquad 220$$
$$220$$

$$4|0 \quad 242|0\ldots 1$$

$$12)\ 60\tfrac{1}{2}\mathfrak{g}.$$

Facit 5 β $\tfrac{1}{2}$ $\mathfrak{g}$.

8. Si vn drap vaut L 5$\tfrac{1}{3}$. les 25 draps consteront L 133. 6. 8. & vne L vaut 240 $\mathfrak{g}$: combien de $\mathfrak{g}$ contiendra vn β? facit 12 ; ergo 20 β feront vne L.

L

$$25$$
$$5 \tfrac{10}{3}$$

$$33\tfrac{1}{3} \text{———} 133 . 6. 8$$

$$8 : 0 : 9 \} 240 : . \tfrac{1}{3}$$

$$80 . 9 . . 6 . 8$$
$$8$$

$$6) \ 72 \qquad 12) \ 240 . 9$$

Facit   12. 9 le ß. & 20 ß la L.

9.   Vn Marchand preste L 300 pour 4 mois, & L 500 pour 6 mois, & apres 4 mois le debiteur prie de luy laisser tout cet argent pour le payer tout ensemble: que nul n'y soit interessé, on demande, quand il le payera? facit 5 $\tfrac{1}{4}$ mois.

$$300 .. 4 .. 1200$$
$$500 .. 6 .. 3000$$

$$8|00 \qquad 8) \ 4200$$

Facit 5 $\tfrac{1}{4}$ mois.

10.   Item, il y a vn tonneau à 3 tuyaux, duquel si on destoupe le premier, toute l'eau s'escoule en 3 heures, le second en 1$\tfrac{1}{2}$ heure, & le tiers en vne heure: on demande, si on destoupe tous les trois tuyaux ensemble, en combien de temps ledit tonneau sera vuide? facit en $\tfrac{1}{2}$ heure.

$$3$$
$$3 \text{———} 1$$
$$1\tfrac{1}{2} \text{———} 2$$
$$1 \text{———} 3$$

6 . . 3 . . 1. facit $\tfrac{1}{2}$ heure.

11   Vn Marchand donne L 300 à interest, & apres deux ans on luy rend L 363 tant pour capital que gain, & gain de gain: on demande, à combien le gain est compté pour cent par an? facit 10.

$$363$$
$$300$$
$$\overline{}$$
$$108900$$

$$1\phi | 89 |00 \qquad \left\{ \begin{matrix} 330 \\ 300 \end{matrix} \right.$$
$$| 9 |$$

$$30$$

300..30..100

100   10   Facit 10.

12. Item, 3 bouchers loüent vn pré pour 40. fl. pour pasturer leurs
bœufs, le premier met 100 bœufs pour 40 iours, le second 80 bœufs
pour 36 iours, & le tiers 120 bœufs pour 60 iours : on demande, combien chacun payera à raison de ses bœufs & du temps ? facit le pre-
mier flor. 11 $\frac{4}{11}$ la seconde 8 $\frac{1}{11}$ flor. & le tiers 20 $\frac{1}{11}$ flor.

$$100..40..4000$$
$$80..36..2880$$
$$120..60..7200$$

$$14080$$

			4000 --- 1000 --- 125
1408|0 --- 4|0		---	2880 --- 720 --- 90
			7200 --- 1800 --- 225

352 --- 1

88   11) 125 --- 11) 90 --- 11) 225.

11   11 $\frac{4}{11}$ 8 $\frac{1}{11}$ 20 $\frac{1}{11}$
     A   B   C

13. Vn Seigneur fait vn accord auec vn pasteur de luy pasturer 100
brebis 3 ans. Il aduient qu'apres 10 mois il luy donne encore 100 brebis en garde, à raison de la premiere condition : la demande est, combien de temps il gardera les 200 brebis pour acheuer son seruice ?
facit 13 mois apres les 10 mois.

3	36	100
12	100	10
36	3600	1000
	1000	1000

100 ————————

100   26\|00

2\|00   Facit 13 mois.

14. Item, 4 bourgeois à Francfort loüent vne barque pour aller à
Meus, dont ils payent 3 flor. à telle condition, que si quelqu'vn entre
dauantage en ladite barque, que la $\frac{1}{2}$ du profit sera pour eux, & l'autre $\frac{1}{2}$ au patron de la barque. Or il aduient que 6 autres entrent en

ladite barque, & l'vn paye autant que l'autre : on demande combien
chacun payera ? facit $\frac{2}{7}$ flor.

$$\frac{6}{3}$$
$$4$$

7 . . 3 . . 1   Facit $\frac{2}{7}$ florins.

15. Item, il y a vn mur de 900 pieds de longueur, & 3 pieds d'espef-
feur, & chaque pierre eſt longue $\frac{1}{2}$ pied, large $\frac{1}{4}$ pied, & eſpeſſe $\frac{1}{8}$ pied,
auec le mortier, & audit mur il y a 2000000 pierres : on demande la
hauteur dudit mur ? facit 11 $\frac{11}{14}$ pieds.

$\frac{1}{2}$ --- $\frac{1}{4}$ --- $\frac{1}{8}$. facit $\frac{1}{64}$ 2000000

900   8)   250000
3
1   2700   31250
2
245
312 | 50 [11 $\frac{11}{14}$ pieds Facit.
277 | 00
2

16. Vn Capitaine a 3570 pietons, leſquels il veut mettre en ordre
quarree : on demande combien il mettra de rang ? facit 59 , & reſtent
89 pour ſeruir à l'ordre.

1
1089
3570 [59 de rang. Facit.
25

17. Vn Marchand achete du ſucre, & trouue que s'il paye la lb. à
12 ß, que luy reſtent 37 ß ; mais s'il paye la lb. à 15 ß, luy defaillent 44 ß :
on demande, combien d'argent il a eu ? facit 27 lb. a-il acheté, & il a
eu 361 ß.

15 ----- 44	27	27
12 ---- 37	12	15
3) 81	324	405
facit 27 lb.	37	44
	Facit 361 ß.	361 ß.

18. Si 12 œufs moins 4 ₰ valent 8 ₰ & 2 œufs : on demande, combien vaut vn œuf ? facit 1⅓ ₰.

$$12 \text{----} 4 = 8 \text{----} 2$$
$$2 \qquad\qquad 4$$
$$\overline{\qquad\qquad\qquad\qquad}$$
$$10 \ldots 12 \ldots 1$$
$$\overline{\qquad\qquad\qquad\qquad}$$
$$5 \ldots ₰ \ (1\tfrac{1}{3}\ ₰ \text{ Facit.}$$

19. Item, 22 perſonnes, hommes & femmes, ont deſpendu 252 pat. à telle condition, qu'vn homme doit payer 16 pat. & vne femme 6 pat. on demande, combien il y a d'hommes & de femmes ? facit 12 hommes & 10 femmes.

Par Alligation.
$$22 \ldots 1 \ldots 252 \ (11\tfrac{5}{11} \text{ pat.}$$
$$22$$
$$16 . 5\tfrac{5}{11} \ \Big| \ 6 \ \Big| \ 0$$
$$11 \tfrac{2}{6} \underline{\qquad\qquad}$$
$$6 . 4\tfrac{6}{11} \ \Big| \ 5 \ \Big| \ 0$$
$$\overline{\qquad\qquad\qquad} \Big\{ 6. \quad 12 \text{ hommes}$$
$$11 \ldots 22 \ldots \quad \text{facit}$$
$$\overline{\qquad\qquad\qquad} \Big\{ 5. \quad 10 \text{ femmes.}$$
$$1 \qquad 2 \ldots$$

Autrement.
$$16 \text{----} 10$$
$$6) \ 6 \text{----} 0 \qquad\qquad 1|0 . 12|0$$
$$22 \qquad 252$$
$$\overline{\qquad}$$
$$132 \qquad \text{Facit 12 hommes, ergo 10 femmes.}$$

20. Vn lyon, vn loup, & vn chien, ont à manger vne brebis, le chien dit aux autres deux, ie la mangerois bien tout ſeul en vne heure, le loup dit, ie la mangerois bien en ½ heure, & le lyon dit, ie la mangerois bien en ¼ d'heure. Or dit le lyon, d'autant que ie ſuis voſtre maiſtre, ſi vous voulez que ie me contente, donnez-moy licence que ie commence ⅛ d'heure deuant vous autres, & apres nous mangerons le reſte enſemble : on demande (le contract conclud en ceſte ſorte) en combien de temps la pauure brebis ſoit deuoree ? facit $\frac{11}{56}$ d'vne heure.

I iij

$$\frac{1}{4} . . 4 \qquad \frac{1}{4} . . 1 . . \frac{2}{3} \quad 8 \; \text{—} \; \overline{14}$$

$$\frac{2}{3} . . 2 \qquad 2 . . . . 1 \qquad 1 \quad \bigtimes \quad 1 \; 14$$
$$\frac{1}{1} . . 1 \qquad \text{facit } \frac{1}{2} \quad \text{—} \qquad \text{—} \; 8$$
$$\qquad\qquad\qquad\qquad 14 \qquad 8 \quad \text{—}$$

$$7 . . 1 . . \frac{1}{2} \qquad 112 \qquad 22 \quad 11$$
$$\qquad\qquad\qquad\qquad\qquad \text{—}\quad (\text{— facis}$$
$$2 \qquad\qquad\qquad 112 \quad 56$$

$$14 \qquad . 1$$

Facit $\frac{1}{14}$.

21. Vn homme terminant ses iours laissa 2 fils, 3 filles, & la mere, & ordonna par testament, qu'ils aartiroient son bien estimé 1909$\frac{1}{2}$ flor. en ceste sorte : à sçauoir, qu'vne fille auroit deux fois autant que la mere, & vn fils trois fois autant qu'vne fille : on demande, combien chacun aura? facit vn fils 603 florins, vne fille 201 florins, & la mere 100 $\frac{1}{2}$ florins.

$$1 . 2$$
$$1 . 3$$
$$\overline{}$$
$$1 \; 2 . 6$$
$$1 . 3 . 2$$
$$\overline{}$$
$$1 . 6 . 12$$
$$6$$
$$1$$
$$\overline{}$$
$$19 . . 1909\tfrac{1}{2} \begin{cases} 12 \text{---} 1206 \\ 6 \text{ fac. } 603 \\ 1 \text{---} 100\tfrac{1}{2} \end{cases}$$

$$2)\; 1206 . \quad 3)\; 603$$

Facit $\quad$ 603 .. 201 & 100$\frac{1}{2}$

22. Vn Marchand achete vn mont de pierres long 40$\frac{1}{2}$ aul. large 4$\frac{1}{3}$ aul. & haut 1$\frac{1}{4}$ aul. & il paye pour 1$\frac{1}{3}$ aul. de largeur 2$\frac{1}{4}$ aul. de hauteur, & 1$\frac{1}{2}$ aul. de longueur L $\frac{1}{1}$: on demande, combien il monte en argent? facit L 17. 6. 8.

$$1\tfrac{1}{3} . \; 2\tfrac{1}{4} . \; 1\tfrac{1}{3} \quad | \quad 40\tfrac{1}{2} . \; 4\tfrac{1}{3} . \; 1\tfrac{1}{4}$$
$$9 \qquad 9 \qquad 5 \qquad 81 \quad 13. \quad 5$$

```
  9                    81
  9                    13
 ───                  ───
 81      8            243        2
  5      4             81        8
───     ──           ────       ──
405     32           1053        6
         3              5         4
        ──           ────       ──
        96.          5265        24
```

```
                                        2
                                      6 φ 3
  405 . . . . ⅓ L. 5265.      2 6 8 4 8 φ φ  ⟨ 4160
  96        240    24         4 φ 8 8 8 8
              4               4 φ φ φ
  ──────────────────          4 4
  405 . 80 . 21060
             80                12)  4160
  ──────────────              ──────────
        1684800                   34|5 . 8
```

Facit L 17 . 6 . 8

23.   Vn Seigneur fait fouyr vn puis de 100 pieds de profondeur, de ce il payera 8 L. Or il aduient que quand le fossoyeur a fouy 60 pieds de profondeur, qu'il deuient malade, & demande son salaire : on demande, comme il doit auoir quand son trauail monte en profondeur par progression naturelle ? facit L 2 . 17 . 11$\frac{77}{101}$.

```
  100     100      60       60
    1    ────        1      ────
  ───      50      ───        30
  101             61
   50.            30                8 7
  ─────            ──             2 φ 6 8 7
  50|0 -- 8       183|0          7 φ 2 7 2 [ 695 77/101
      240          384           6 φ 2 7 2  ──────
  ──────          ────           2 φ 1 1 1   5|7 . 11
     1920          732           2 φ φ
  ─────           1464.              2
  101. 384         549
  ──────          ─────          Facit L 2. 17. 11 77/101.
     70272
```

24.   Deux Marchands viennent à vn peage, l'vn a 7 caſſes de foye, & l'autre 11 caſſes : le premier paye vne caſſe pour peage, & on luy rend 50 ducats, & l'autre paye auſſi vne caſſe, & on luy rend 20 ducats : on demande, à combien vne caſſe eſt contee, & combien on paye de peage d'vne caſſe ? facit 102½ ducats pour la valeur d'vne caſſe, & le peage d'vne eſt 7½ ducats.

$$
\begin{array}{ccc}
11 & 50 & \\
7 & 20 & 4) \; 30 .. 1 \\
\hline
4 .. & 30 .. 7 & \text{facit } 7\frac{1}{2} \\
& 7 & \\
\hline
& 4.) \; 210 & \\
& 52\frac{1}{2} & \\
& 50 & \\
\hline
\end{array}
$$

Facit. 102½

25.   Trouuez vn nombre, lequel party par 24, & ſon quotient multiplié par 2, & qu'on leue du produit 8, qu'il en reſtent 4 ? facit 144.

$$
\begin{array}{r}
4 \\
\hline
8 \\
2) \;\; 12 \\
\hline
6 \\
24 \\
\hline
\end{array}
$$

Facit. 144.

26.   Trois Marchands font compagnie, & mettent tous enſemble 26 L, pour les meſmes ils achetent 3 draps, chacun de 36 aul. le premier à 6 L, le ſecond 8 L, & le tiers à 12 L la piece, & A paye 7 L, B 9 L & C 10 L. & chacun prend 36 aul. on demande, combien d'aulnes chacun prendra de chacun drap ? facit A prend 24 aul. du premier drap, 9 aul. du ſecond, & 3 aul. du tiers. B prend 10 aul. du premier, 12 du ſecond, & 14 du tiers, & C prend 2 aul. du premier, 15 aul. du ſecond. & 19 aulnes du tiers. Or ceſte queſtion a auſſi pluſieurs autres reſponces.

36 . . 6 . . 1 facit $\frac{1}{6}$ L
36 . . 8 . . 1 facit $\frac{1}{9}$ L
36 . . 12 . . 1 facit $\frac{1}{3}$ L

$\frac{1}{3}$ ---- 6
18) $\frac{2}{9}$ ---- 4
$\frac{1}{6}$ ---- 3

7 . 9 . 10
18. 18. 18
126.162.180
108.108.108
18. 54. 72

6 ---- 3
4 ---- 1
3) 3 ---- 0
36
108

3) 18 . 1) 9
3 . 9 . 24 pour A
3) 54 . 1) 12
14 . 12 . 10 pour B
3) 72 . 1) 15
19 . 15 . 2 pour C

Preuue.

36	3 . 9 . 24
36	14 . 12 . 10
36	19 . 15 . 2
	36 . 36 . 36

27. Vn Marchand donne 100 L à intereſt, à raiſon de 10 pour cent par an, à conter tous les $\frac{1}{3}$ d'vn an intereſt ſur intereſt, à telle condition, qu'il receura chaque 4 mois le tiers du capital & du gain, & que l'vn payement ſoit egal à l'autre : on demande, combien chacun payement montera ? facit $35\frac{5}{9}$. à ſçauoir le capital du premier $35\frac{25}{91}$. & $\frac{320}{819}$ L d'intereſt : & $34\frac{18}{23}$ L pour capital, & $\frac{160}{207}$ L pour intereſt du ſecond payement : & $34\frac{38}{93}$ du capital, & $1\frac{41}{279}$ d'intereſt pour le troiſieſme payement.

3) 100
$33\frac{1}{3}$

1 { 10 } $\frac{1}{3}$
3 { 10 } 1
3 . . 10 . $\frac{1}{3}$
$\frac{3}{9}$ 10.
9 ($1\frac{1}{9}$
$2\frac{2}{9}$
$3\frac{1}{3}$
$0\frac{2}{3}$

100
$6\frac{2}{3}$
3) $106\frac{2}{3}$
Facit. $35\frac{5}{9}$

$$101\frac{1}{3} . . 100 . . 35\frac{5}{9} ? \text{ facit } 35\frac{15}{41}$$
$$102\frac{2}{3} . . 100 . . 35\frac{5}{9} ? \text{ facit } 34\frac{14}{15}$$
$$103\frac{1}{3} . . 100 . . 35\frac{5}{9} ? \text{ facit } 34\frac{38}{93}$$

Oſtez chacun des capitaux de 35$\frac{5}{9}$. & reſteront les gains de chacun payement, à ſçauoir pour le premier $\frac{110}{41}$ L, pour le ſecond $\frac{160}{107}$ L, & $\frac{41}{27}$ L, pour le troiſieſme.

28.   Vn Marchand a vne ſomme d'argent, auec laquelle il gagne 30 L, en apres il gagne auec la meſme ſomme enſemble ſon gain 46 L: on demande, combien d'argent il auoit quand il gagne vne fois autant pour cent que l'autre fois ? facit 56$\frac{1}{4}$.

$$46$$
$$30$$
$$\overline{}$$
$$16 . . 30 . . 30$$
$$30$$
$$\overline{}$$
$$900$$
$$\overline{}$$
$$4\,)\,225$$

Facit 56$\frac{1}{4}$

29.   Item, il y a vne terre ronde de 154 verges quarrees, & au milieu d'icelle y a vn eſtang rond, comprenant iuſtement la moytié de toute la terre : on demande le diametre dudit eſtang ? facit $\sqrt{}$ 98 : qui eſt bien prés de 10.

$$154$$
$$11 . . 14 . . 77$$
$$7$$
$$\overline{}$$
$$1\qquad 98\qquad 7$$

Facit $\sqrt{}$ 98. qui eſt bien prés de 10.

Notez, ſi toute la terre fait 154. ſa $\frac{1}{2}$ fera 77, pour l'aire de l'eſtang. En apres conuient ſçauoir, qu'Archimedes demonſtre que l'aire d'vn cercle a proportion au quarré de ſon diametre, comme 11 à 14. Partant ie dy : 11 me donnent 14. combien 77, & il en viennent 98, dont la racine quarree eſt quaſi 10. pour le diametre dudit eſtang.

30.   Item, il y a deux terres rondes, la circonference de l'vne eſt 60

verges, & on la vend 100 L, & celle de l'autre n'eſt que 20 verges, &
on la vend 26 L : on demande, laquelle terre ſoit venduë à meilleur
profit ? facit 14⅘. L , qu'il a vendu la moindre terre plus qu'il ne doit à
raiſon de la plus grande.

$$6|0 \text{----} 2|0$$

$$3 \text{------} 1 \qquad\qquad 26$$
$$3 \text{------} 1 \qquad\qquad 11\tfrac{1}{9}$$

$$9 \text{------} 1 \text{-----} 100 \text{ L} \qquad \text{L } 14\tfrac{8}{9} \text{ gain.}$$
$$9$$

Facit 11⅑ L.

Notez que les ſuperficies planes ſemblables ont proportion l'vne
à l'autre , par la dix-neufieſme du ſixieſme d'Euclide, comme la proportion doublee de leurs diametres, circonferences, ou autres coſtez reciproques. Dont s'enſuit, que ſi la proportion des circonferences de ces deux terres eſt comme 3 à 1, que celle de leurs aires ſera
comme 9 à 1. Partant ie dy : 9 me donnent 1, combien 100 L ? & il en
viennent 11⅑ L, & tant doit-il vendre la moindre terre à raiſon de la
premiere.

31. Vn tonnelier a deux tonneaux d'vne meſme longueur, l'vn contient 6 ames, & l'autre 4 ames, & il fait de ces deux tonneaux, vn tonneau, ſans y oſter ny adiouſter du bois en la rondeur : on demande,
combien le tonneau neuf contiendra ? facit 19 ames 78¹⁸⁄₁₉ pots.

$$6 \qquad\qquad 6 \qquad\qquad 15$$
$$4 \qquad\qquad 4 \qquad\qquad 100$$

$$10 \qquad\qquad 24 \qquad\qquad 1500$$
$$\qquad\qquad 4 \qquad\qquad 1$$

$$\sqrt{}\,96\ (9\tfrac{15}{19}\text{ ames.} \qquad 878$$
$$81 \qquad\qquad 78\tfrac{18}{19}\text{ pots.}$$

$$15 \qquad\qquad$$

$$10 .$$
$$9 . \quad 78\tfrac{18}{19}.$$

Facit 19 ames 78¹⁸⁄₁₉ pots.

32. Item, il y a deux boules de fer, le diametre de l'vne eſt 4, & poiſe

lb. 6, & celuy de l'autre eſt 6 : on demande, combien icelle poiſera?
facit lb 20 '.

$$4 \cdot \cdot 6$$
$$\overline{}$$
$$2 \cdot \cdot 3$$
$$2 \cdot \cdot 3$$
$$2 \cdot \cdot 3$$
$$\overline{}$$
$$8 \cdot \cdot 27 \cdot \cdot 6$$
$$3$$
$$\overline{}$$
$$4 \qquad 3$$

$$4) 81$$

Facit 20¼ lb.

Notez, que par la derniere du douziefme d'Euclide la proportion des ſoliditez ou poids que 2 boules ont l'vne à l'autre, vient de la
proportion triplee de leurs diametres : dont s'enſuit, que par la proportion de leurs diametres, qui eſt en ceſt exemple, comme deux à 3,
l'on trouue que celle de leurs poids eſt comme 8 à 27, partant ie dy, 8
me donnent 27, combien 6 lb ? facit 20¼ lb.

33.   Vn homme a vn tonneau de vin qui contient 360 pots, duquel
il tire 30 pots, & le remplit d'eau, ce qu'il fait par trois fois, y remettant à chaque fois 30 pots d'ean : on demande, combien de vin reſte
au tonneau ? facit 277$\frac{7}{14}$ pots.

$$360 \qquad\qquad 12 \cdot \cdot 11$$
$$30 \qquad\qquad 12 \cdot \cdot 11$$
$$\overline{} \qquad\qquad \overline{}$$
$$36|0 \cdot 33|0 \qquad 144 \cdot \cdot 121 \cdot \cdot 330$$
$$\overline{} \qquad\qquad 55$$
$$12 \cdot \cdot 11 \qquad\qquad \overline{}$$
$$2 \qquad\qquad 24 \qquad 605 \qquad 55$$
$$143 \qquad\qquad 605$$
$$2877 \; [277\tfrac{7}{14} \text{ facit} \qquad \overline{6655}$$
$$6688$$
$$2444$$
$$22$$

34.   Vn Marchand a vn tonneau de vin tenant 150 pots, à 10 ſ. le
pot, duquel il tire 10 pots, & le remplit d'vne autre ſorte de vin à 7 ſ
le pot, ce qu'il fait par trois fois, y remettant à chaque fois 10 pots de

ce vin à 7 ₰ le pot: on demande, à combien reuient vn pot meſlé? facit à 9⁴⁴⁴⁄₁₁₅ ₰.

$$150$$
$$10$$

$$15|0 \text{----} 14|0$$
$$15 \qquad 14$$

$$150$$
$$225 .. 196 .. 140 ? \text{ facit } 121\tfrac{43}{45}$$

$$28\tfrac{2}{45}$$

$$1 .. 10 .. 121\tfrac{43}{45} ? 1219\tfrac{5}{9}$$
$$1 .. 7 .. 28\tfrac{2}{45} ? 196\tfrac{14}{45}$$

$$1415\tfrac{13}{45}$$

$$150 .. 1415\tfrac{13}{45} .. 1$$
$$15 \qquad 15$$

$$4$$
$$49$$
$$2734$$
$$10619 \quad [9\tfrac{444}{1115}\,₰ \text{ facit}$$
$$1128$$

$$2250 \qquad 7078$$
$$1416$$

$$21238$$

$$1125 . 10619$$

35. Vn Tauernier a vn tonneau de vin de 360 pots, duquel il tire
aucuns pots & le remplit d'eau, & fait cela par trois fois, y remettant
à chaque fois autant de l'eau qu'il a tiré du vin: on demande, combien de vin il a tiré à chaque fois, quand audit tonneau ne reſtent que
208¼. pots de vin? facit 60 pots.

$$360$$
$$208\tfrac{1}{3}$$

$$7$$
$$28 \quad | 628 | 000 \{ 250.$$
$$8 \quad | 128 |$$
$$1. 8$$
$$7$$

$$75000$$
$$208\tfrac{1}{3}$$

$$ⱴ \cdot 15625000$$

$$2 .. 4. (8$$
$$3 \quad 3$$
$$6 . 12$$
$$250 \quad 125 . 25 . 5$$
$$360$$

$$\sqrt{90000} \begin{cases} 360.150.60 \\ \underline{\quad\quad} \quad 150 \\ 300 \quad\quad 125 \end{cases}$$

Facit. 60 pots. 　　 7625

36.　Vn bourgeois a vn tonneau de vin à 4 pat. le pot, du mefme il tire 30 pots, & le remplit d'eau, ce qu'il fait autrefois en remettant femblablement autres 30 pots d'eau, & trouue que le pot ainfi meflé luy reuient à $3\frac{13}{16}$ pat. on demande, combien de vin ledit tonneau contient? facit 360 pots.

$$4$$
$$3\frac{13}{16} \quad 4$$

$$\sqrt{13\frac{4}{16}} \, (3\frac{2}{5}$$

$$\tfrac{1}{5} .. 30 .. 4$$
$$3$$

$$1 \quad\quad 90$$
$$4$$

Facit 360 pots.

37.　Vn Marchand a deux pieces de cire en la forme d'vn cubus, le premier eft long, large & efpais fur chacun cofté 3 pieds, & vaut 25 fl. & l'autre a fur chacun cofté 5 pieds: on demande, combien icelle piece vaudra à raifon de la premiere? facit 200 flor.

$$3 .. 6$$
$$1 .. 2$$
$$1 .. 2$$
$$1 .. 2$$

$$1 .. 8 .. 25$$
$$8$$

Facit 200 florins.

Ceste proposition tire ses proportions de la derniere du douzies-me d'Euclide, comme la trente-deuxiesme question.

38. Vn Marchand achete vne terre quadrangulaire de 18 verges 19 pieds de longueur, & 6 verges 5 pieds de largeur, à 3½ flor. de Brabant la verge: on demande, combien icelle vaut en monnoye de Flandres? facit L 43. 17. 3⅔.

```
   18.19.        6 . 5
   20            20
   ─────         ─────
   379           125
   ─────
   47375
```

```
              400 . . 3⅓ . . 47375
               3              2
              ─────          ─────
              1200   10.9)   94750
               3 . . 2

              ─────          1052⁷/₉₈
              36|00  20 fl.   ─────
                     40       87|7 . 3
                     ─────
                     8|00   Facit 43. 17. 3⅔.
                     9 . . 2
```

39. Vn Seigneur achete vne terre qui tient 25 verges quarrees, & il paye de la premiere verge vne maille, de la seconde 2 mailles, de la tierce 4 mailles, de la quarte 8 mailles, & ainsi progredissant par progression Geometrique double: on demande a combien luy reuient toute icelle terre, en contant 12 mailles pour vn ⅀ de gros? facit L 11650. 16. 10⁷/₁₁.

```
   1                    4096
   2                    4096
   4                    ─────
   8                    16777216
   16                   ─────
   32                   33555432
   64                       1
   128          facit   33555431   mailles.
   256          12)     2796202⁷/₁₁ ⅀
   512                  ─────
   1024                 23301|6 . 10
   2048
   4096         Facit L 11650. 16. 10⁷/₁₁.
```

40.   Vn Marchand achete 6 draps en progreſſion quarree, àſça-
uoir, il paye pour le premier drap 1 L. pour le ſecond 4 L. pour le tiers
9 L. &c. on demande, combien il monte en argent? facit 91 L.

$$
\begin{array}{ccc}
6 & 6 & 6 \\
1 & 3 & 2 \\
\hline
7 & & 12 \\
3 & & 1 \\
\hline
21 & & 3)\,13 \\
4\tfrac{1}{3} & & 4\tfrac{1}{3} \\
\hline
\end{array}
$$

Facit 91 L

41.   Vn Marchand vend 6 aulnes de ſatin en progreſſion cubique:
à ſçauoir, la premiere aul. vn pat. la ſeconde 8 pat. la tierce 27 pat. &c.
combien monte-il en argent? facit L 3. 13. 6.

$$
\begin{array}{ccc}
6. & 6 & \\
1 & & \\
\hline
7 & 3 & 6)\,441 \\
7 & 3 & 7|3.6 \\
\hline
49 & 9 & \text{facit L 3. 13. 6.} \\
9 & & \\
\end{array}
$$

Facit 441 patarts.

42.   Item, il y a vne progreſſion, de laquelle le premier terme eſt 3,
& le dernier eſt 81: on demande, combien ſeront les autres 2 milieux
proportionnaux? facit 9 & 27.

$$
\begin{array}{c}
81 \\
3 \\
\hline
243 \\
3 \\
\end{array}
$$

γᶜ. 729 (9 pour le premier milieu.

ν 729 (27 facit le ſecond milieu.

43.   Vn Seigneur a deux ſeruiteurs, auſquels il baille de la marchandiſe pour 11 L. le premier vend ſa marchandiſe, & perd ⅓ flor. du capital, & pour le reſte achete d'autre marchandiſe, ſur laquelle il gagne 3 L. le ſecond vend ſa marchandiſe & gagne le ⅛ de ſon capital, &
                                                              deſpend

despend 2 L, & retournans vers leur maistre, il reçoit d'eux en tout 13 L: on demande, combien chacun a receu? facit A 3 L, & rend 5 L, & B a receu 8 L, & ne rend que 8 L.

Posez,

$(\frac{1}{3})$ 5 A	$(\frac{1}{4})$ 6 B	4 A	7 B
$1\frac{2}{3}$	$1\frac{3}{4}$	$1\frac{1}{3}$	$1\frac{3}{4}$
$3\frac{1}{3}$	$7\frac{1}{2}$	$2\frac{2}{3}$	$8\frac{1}{4}$
3	2	3	2
$6\frac{1}{3}$	$5\frac{1}{2}$	$5\frac{2}{3}$	$6\frac{1}{4}$
		$6\frac{1}{4}$	
13			
$11\frac{5}{6}$	$6\frac{2}{3}$	$12\frac{5}{12}$	13
$1\frac{1}{6}$	$5\frac{1}{3}$		$12\frac{5}{12}$
	$11\frac{5}{6}$		$7\frac{1}{12}$

$$5 \times \begin{array}{c} 1\frac{1}{6} \\ 2\frac{1}{6} \end{array} \quad \begin{array}{c} 14 \\ 7 \end{array} \quad \begin{array}{c} 2 \\ 1 \end{array} \quad \begin{array}{c} 8 \\ 5 \end{array}$$

1) 3

Facit 3 pour A.

Preuue.

A	B
3 . .	8
1	2
2	10
3 .	2

Rend A 5 L . . 8 L que B rend.

8

3

Facit 13.

44. Item, deux nauires d'Angleterre sont parties en vn mesme temps, l'vne vers France, & l'autre vers Espagne, & celle tirant vers France fait en vne heure 2 lieuës, & l'autre qui tire vers Espagne fait en vne heure 3 lieuës. Or quand elles ont nauigé 5 heures, sont distantes l'vne de l'autre 6 lieuës, & arriuent toutes deux en 36 heures

on demande la diſtance des arriuemens? facit 43⅕ lieuës.

$$5 . . 6 . . 36$$
$$6$$

$$5) \ 216$$

$$43\tfrac{1}{5}.$$

Notez, qu'en ceſte queſtion nous auons mis 6 lieuës pour la diſtance des nauires en 5 heures, mais Valentin n'auoit mis que 2 lieuës, lequel repugne à la vingtieſme du premier d'Euclide : car le lieu dont elles ſont parties, auec les 2 lieuës d'arriuemens, font enſemble vn triangle, duquel il poſoit les deux moindres coſtez enſemble moins que le troiſieſme, lequel eſt impoſſible.

45.　Vn Bourgeois pria vn iour 7 de ſes voiſins à ſouper auec luy, & eſtans aſſis à vne table quarree, touſiours deux à deux, en eſtans bien ioyeux, le prochain de l'hoſte dit, ie vous prie auſſi à ſouper demain auecques moy, & ſemblablement firent tous les autres enſuiuant l'ordre, lequel dura ſi longuement iuſques à tant qu'ils pourroient changer leur ordre, & s'aſſeoir vne fois autrement qu'à l'autre fois: on demande, combien de temps leur bonne chere dureroit? facit 110 ans 143 iours.

1	1	
2	32	4
3	487	110 ans. 110
6	40320	biſſextes. 27
4	36888	
	366	
24	6	
5		170
120		27
6		Facit 110 ans 143 iours.
720		
7		
5040		
8		
40320 banquets.		

46.   Item, il y a deux plats d'vne mesme matiere & forme, le diametre du plus grand plat est triple à celuy du moindre, & poise 8 lb. on
demande, combien le moindre plat poisera ? facit $4\frac{10}{17}$ once.

```
3 . 1
3 . 1        8          2
3 , 1        16        40 ⌠
                      128 ⌡ 4 10/17 onces facit.
27 . 1 . . 128         27
```

Notez, que ceste question est semblable à la trente-deuxiesme,
& partant elle tire ses proportions de la derniere du douziesme
d'Euclide.

47.   Item, vn homme a vne masse de cendree, qui poise certains
marcqs, de laquelle il coupe vn marcq, en remettant vn marcq de
cuiure, lequel il fait par quatre fois, en coupant à chaque fois vn
marcq, y remettant à chaque fois vn marcq de cuiure, & finalement
il trouue que le marcq est à 5 9 $18\frac{8}{9}$ gr. de fin : on demande, combien
ladite masse poise ? facit 6 marcqs.

```
12 . . 5 . 18 8/9
    24    24              1296
                          625
   288  138               ─────
     9    9          √ 810000

  2592 1250             . . .
                        9  0  0.
  1296 --- 625
                          1296
                          900
                          ─────
                         1166400
```

```
1166400 ⌠ 1296
  2 . 0  ⌡ 1080
  2           ─────
  3           216 . . . 1 . . . 1296
 1296 { 6.
  216

              Facit 6 marcqs.
```

48.   Il y a vn triangle A B C, duquel l'angle B est droit, & A B se

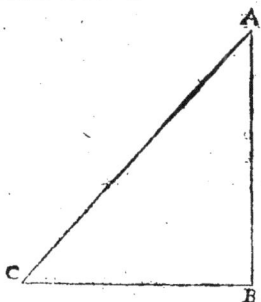

nomme perpendiculaire, ou cathete, qui fait 80, & B C fur le plan fe nomme bafe, qui fait 60, & la ligne A C fe nomme hypothenufe.

Or quand le quadrat A B eft adioufté auec le quadrat B C, & qu'on tire du produit ν, il en vient la ligne ou le cofté A C qui fait 100.

49.   Quand on tire le quadrat B C du quadrat A C, & qu'on tire du refte ν, il en vient A B.

50.   Quand on tire le quadrat A B du quadrat A C, & qu'on tire du refte ν, il en vient la ligne B C.

51.   Pour trouuer l'aire dudit triangle, multipliez la moytié de A B auec B C, ou la moytié de B C auec A B, & en viendront 2400.

Ou bien fi on multiplie A B auec B C, la moytié du produit fait auffi 2400.

Encore autrement, adiouftez les trois coftez, A B, B C, & C A enfemble, qui font 240, defquels la moytié fait 120, les mefmes pofez 3 fois, & tirez de chacun cofté, & refteront 60, 40, 20, lefquels multipliez l'vn par l'autre, & en viendront 48000, les mefmes multipliez encore par la moytié des 3 nombres, qui font 120, & en viendront 5760000, defquels tirez ν, & en viendront 2400 pour toute la fuperficie. Autrement par la cinquante-quatriefme.

52.   Si l'aire dudit triangle eft 2400, & A B fait 80, combien eft B C? Diuifez 2400 par 80, & en viendront 30, lefquels doublez, & feront 60 pour B C.

53.   Il y a vn triangle rectangle, duquel la bafe a proportion auec le cathete, comme 3 à 4, & fon aire eft 2400, combien fait chacun cofté? Multipliez ⅔ par ½, & en viendront ¾, puis diuifez 2400 par ¾, & en viendront 3600, defquels tirez ν, & en viendra 60 pour la bafe, & 80 pour le cathete, car ainfi procede-il: Si ie prends pour l'vn 1 æ, l'autre fera 1⅓ æ, dont multipliez l'vn en la moytié de l'autre, & en viennent ⅔ q, egal à 2400, fait 1 æ, egale à 60.

54.   Item, il y a vn triangle A B C, duquel A B fait 15, B C 14, A C 13, pour cognoiftre s'il eft rectangle, oxigone, ou ambligone; fçachez que fi le quadrat des moindres lignes monte plus que le quadrat de la plus grande ligne, le triangle eft oxigone: & fi les deux moindres

quadrats montent moins que
le plus grand quadrat, il est ambligone: & si les deux moindres quadrats montent iustement autant que le plus grand,
il est triangle rectangle; & chacun triangle a deux rectangles.

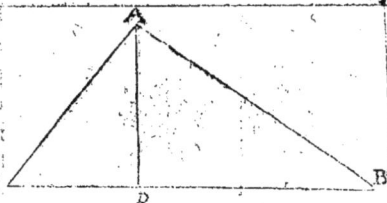

Pour y trouuer son aire, suiuez la cinquante-vnieme proposition, &
en viendront 84; & si on diuise l'aire par la moytié de la base B C, il
en viennent 12 pour la perpendicul. A D. Ou posez pour C D 1 ӕ, le
costé B D sera 14 ---- 1 ӕ. Maintenant si on tire le quadrat C D du
quadrat A C, il en resteront autant, que si on tire le quadrat B D du
quadrat A B, & il en viendront 169 ---- 1 q, egaux à 28 ӕ -- 29 -- 1 q, &
1 ӕ est egale à 5, pour C D: le mesme quadrat tirez du quadrat A C, &
du reste tirez v, & en viendront 12 pour A D: les mesmes multipliez
auec 7, la moytié B C, & en viendront 84 pour tout l'aire dudit
triangle.

55.   Pour trouuer la perpendicul. A D, diuisez l'aire par le demy costé sur lequel il pend, & en viendra 12 pour A D, & si on multiplie la
perpendic. par la moytié de la base, il en vient l'aire dudit triangle.

Autrement: Quand on tire le quadrat B D du quadrat A B, il en
reste autant que quand on tire le quadrat D C du quadrat A C. Posez donc pour B C 1 ӕ, & son quadrat fera 1 q, le mesme tirez du quadrat A B, & il en restera 225 — 1 q, & C D sera 14 — 1 ӕ: le mesme quadrat tirez du quadrat A C, & il resteront 28 ӕ — 27 — 1 q, egal à 225
— 1 q, facit 1 ӕ, egale à 9 pour B D.

Encore autrement, si l'aire du triangle fait 84, posez par la fausse
position que A D soit 8, lesquels multipliez par la moytié de B C, &
en viendront 56, qui deuoient estre 84, est moins 28. Posez donc pour
A D 6, & en viendront par la mesme maniere 42, qui deuoient estre
84, est moins 42: adonc monstrera l'operation de la fausse position,
que A D fait 12.

56   Il y a deux arbres A B & A C, lesquels sont distans l'vn de l'autre 140 pieds, & la longueur A B fait 150, & A C 130, & lesdits 2 arbres
sont tombez auec leurs pointes ensemble. La demande est, combien
leurs pointes sont encore distantes de la terre, c'est à dire, combien
est le perpendicle A D? fait 120 par la cinquante-cinq proposition.
Ou si on dit, il y a deux arbres droits sur vne plaine, qui sont distants

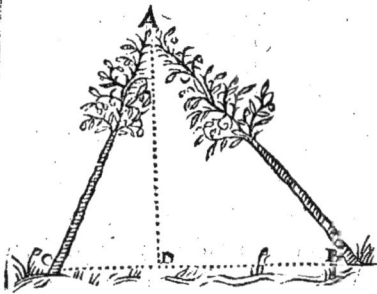

l'vn de l'autre 140 pieds, les
mesmes font tombez auec leurs
pointes enfemble: de forte que la
diftance de leurs pointes droite-
ment à terre, eft 120 pieds, & la
longueur de l'arbre A C fait 130
pieds. La demande eft, combien
foit la lõgueur de l'arbre A B? Refponce: Tirez le quadrat du perpendicle A D, qui eft 120, du quadrat de l'arbre A C, qui eft 130, &
en refteront 2500, des mefmes tirez γ, & en viendront 50 pour D C;
les mefmes tirez de B C 140, & il refteront 90 pour B D, ce quadrat
adiouftez auec le quadrat A D 120, & en viendront 22500; des mefmes tirez γ, & en viendront 150 pieds pour la longueur de l'arbre
A B.

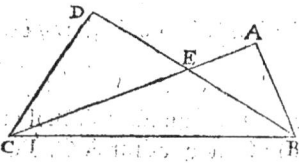

54. Il y a deux triangles A B C &
B C D rectangles en A, & D, & leur
hypothenufe B C, a γ 185, & A B fait
4, & D C fait 8. La demande eft, combien eft B E, E D, A E, & E C? Refponce: Si on multiplie B A en E D,
il en vient autant que fi on multiplie A E en D C. Trouuez la longueur A C, & B D, par la quarante-huitiefme propofition, & en
viendra 13 pour A C, & 11 pour B D, & puis comme A B a proportion auec D C, ainfi a B E, auec E C, & comme A B, auec D C, ainfi
A E, auec D E, & comme A E, auec E D, ainfi B E, auec E C. Pofez
que A E foit 1 $\mathcal{R}$, E D fera 2 $\mathcal{R}$, car A B a proportion double auec
D C, & fi E D fait 2 $\mathcal{R}$, E B fera 11 — 2 $\mathcal{R}$; il faut donc que E C foit
deux fois autant, qui font 22 — 4 $\mathcal{R}$, lefquels tirez de A C, & reftera
4 $\mathcal{R}$ — 9, egaux à A E, qui eft 1 $\mathcal{R}$, fait 1 $\mathcal{R}$ egale à 3 pour A E, & 10 pour
E C: adonc viendra par la quarante-huitiefme propofition 6 pour
D E, & 5 pour B E.

58. Item, il y a deux lignes, afçauoir A D qui fait 15, & B C qui fait
9, lefquelles fe couppent en E, & vne autre ligne vient de A fur B à
angles droits, & fait 8, & vne autre ligne de D fur C auffi à rectangles.
La demande eft, combien chacune ligne contient à part? Refponce: Faites des lignes occultes, comme A H parallele auec B C: mais

H C & G E parallel.auec A B. Maintenant comme A E a proportion
auec A B, ainſi a D E auec D C, &
comme B C, ou A H auec A D, ainſi
B E, ou A G auec A E. Poſez pour
B E, ou A G 1 ℞, & dites, 9 font 15,
combien fait 1 ℞ ? facit 1⅔ ℞ pour
A E : les meſmes multipliez en ſoy,
& en viendront 2⁷⁄₉ q. Plus adiouſtez
le quadrat A B auec le quadrat B E,
& il fera 19 + 64, egaux à 2⁷⁄₉ q, & 1 ℞ eſt egale à 6 pour B E : les meſmes
tirez de 9, il reſteront 3 pour E C, & par la quarante-huitieſme propoſition, il en viendront 10 pour A E, & 5 pour D E, & par la quarante-neufieſme C D fera 4.

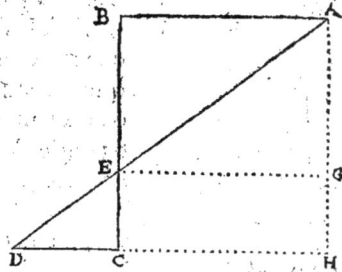

Autrement, tirez le quadrat A H 9 du quadrat A D 15, & il en reſteront 144 : des meſmes tirez √, & en viendront 12 pour D H : des
meſmes tirez A B ou C H 8, & il en reſteront 4 pour C D : les meſmes
adiouſtez auec A B, & feront 12 : en diſant 12 font A D 15, combien
feront 8 ? facit 10 pour A E, les meſmes tirez de A D 15, & il en reſteront 5 pour D E.

56. Il y a vn triangle A B C rectangle en B, duquel A B fait 8, B C 6, lequel doit eſtre party en 3
parties egales, que l'vne aire faſſe autant que l'autre, & que les lignes ſoient paralleles auec l'hypo-
thenuſe. La demande eſt, où les lignes A B C ſeront couppées ? Reſponce. Prenez la proportion,
laquelle le cathete a auec la baſe, qui eſt comme
1 à ⅔, & puis trouuez toute l'aire dudit triangle par
la cinquante-vnieſme propoſition qui fait 24, leſ-
quels diuiſez en 3 parties egales, & chacune fera 8 : adoncques poſez
que B E, la premiere ſection ſoit 1 ℞, B D fera 1⅓ ℞, deſquels multipliez l'vn en la moytié de l'autre, & en viendra ⅔ q, egaux à 8, & 24
egaux à 2 q, & 12 egaux à 1 q, & √ 12 egaux à 1 ℞ pour B E ; & aux meſmes adiouſtez ⅓, qui eſt √ 1⅓, & en viennent √ 21⅓ pour B D ; & puis
prenez les meſmes ⅔ q, qui ſont venus de la multiplication, leſquels
ſont auſſi egaux à 16, qui font les ⅔ de toute l'aire, & en viendra 1 ℞
egale à √ 24 pour B F : aux meſmes adiouſtez auſſi ⅓, & en viendra
√ 42⅔ pour B G.

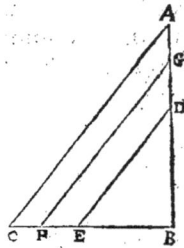

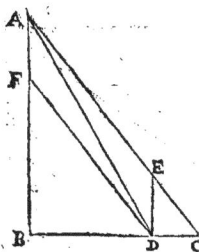

60. Il y a vn triangle orthogone A B C, duquel A B fait 16, B C 12, combien long deura estre vne autre perpendicle, qui soit E D, afin que le triangle C D E tienne 6 d'aire? Responce: Trouuez premierement l'aire de tout le triangle A B C par la cinquante-vniesme proposition, & en viendront 96, lesquels diuisez par 6, & en viendront 16; & puis multipliez A B en soy, & en viendront 256, lesquels diuisez par 16, & en produiront 16, desquels tirez la $\mathcal{R}$, qui font 4 pour D E. Ou posez pour C D 1 $\mathcal{R}$, la perpendicul. D E sera 1 $\frac{1}{2}$ $\mathcal{R}$, multipliez l'vn auec la moytié de l'autre, & en viendront $\frac{3}{4}$ q, egaux à 6: facit 1 $\mathcal{R}$, egale à 3 pour C D.

61. Item, si vne ligne est tirée en la preced. fig. de D en F, tellement qu'elle soit parallele auec A C, adonc sera A E egale à F D, & A F sera egale à D E. En apres multipliez F B en soy, & en viendront 144, lesquels adioustez auec le quadrat B D qui est 81, & en viendra 225, desquels tirez $\mathcal{R}$, & sera 15 pour F D ou A E, lesquels adioustez auec F C qui sont 5, & en viendront 20 pour A C: & si on tire l'aire de F B D, & E D C de toute l'aire A B C, il en restera 36 pour l'aire du rhomboïde A F D E, que vous pouuez prouuer par la cinquante-vniesme proposition. Et comme D C a proportion auec D E, ainsi a B C auec B A, & B D auec B F, & par la quarante-huitiesme proposition sera A D $\mathcal{R}$ 337, & le triangle A D F sera egal au triangle D A E.

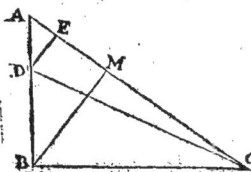

62. Item, il y a vn triangle A B C rectangle en B, & A B fait 30, B C 40, A C 50, & de C est tirée vne autre ligne sur A B en D; tellement que A C fait 10, D B 20, & de D est tirée vne autre ligne à rectangles sur A C en E. La demande est, combien contient A E? Responce: Pour A E posez 1 $\mathcal{R}$, comme A B a proportion auec A C, ainsi a A E auec A D. Dites, A B 30, font A C 50, combien feront A E 1 $\mathcal{R}$? facit 1 $\frac{2}{3}$ $\mathcal{R}$, egal à 10, & 1 $\mathcal{R}$ à 6 pour A E.

63. Item, de l'angle B est tirée vne ligne perpendiculairement sur A C en M. La demande est, combien A M contient? Responce: Multipliez la moytié de A B auec B C qui fait 600 pour l'aire, & par la quarante-huitiesme fera A C 50. Auec la moytié, qui sont 25, diuisez les 600, & il en viendront 24 pour B M. Comme maintenant A B a

proportion

proportion auec B C, ainfi a A M auec M B. Dites, 40 font 30, combien font 24 ? facit 18 pour A M, & 32 pour MC: & quand on adioufte le quadrat A M auec le quadrat M B, la racine quarree du produit fera 30 pour A B que i'ay voulu prouuer.

64. Item, il y a vn triangle A B C rectangle en B, & B C fait 40, & de C il eft tiré vne ligne en D; tellement que D B fait 20, & vne autre ligne eft tiree de D perpendiculairement fur A C en E, qui fait 8. La demande eft, combien que A E & A D, chacun foit pour foy ? Refponce : Pofez que A E foit 1 x, & dites, D E 8 font A E 1 x, combien feront BC 40 ? facit 5 x pour AB: les mefmes multipliez auec la moytié de B C, il en viendront 100 x pour l'aire du triangle A B C, & par la quarante-huitiefme propofition fait D C γ 2000, & par la quarante-neufiefme fera E C 44 : auec les mefmes adiouftez 1 x, & viendront 1 x + 44 pour A C: les mefmes multipliez auec la moytié de D E, il en viendront 4 x + 176 pour l'aire de A C D. Plus multipliez la moytié de B D auec B C, il en viendront 400: les mefmes adiouftez auec les 4 x + 176, il en viendront 400: les mefmes adiouftez auec les 4 x + 176, & en viendront 4 x + 576, egaux à 100 x: & 1 x fera egale à 6 pour A E, & par la quarante-huitiefme propofition, en viendront 10 pour A D.

65. Il y a deux tours A B & D C fur vne plaine, & leur diftance eft 30 verges, & la hauteur de A B fait 20, & D C 15, & de A eft tiree vne corde fur la terre, & pareillement vne autre corde de D auffi iufques à terre : de forte que lefdites deux cordes viennent enfemble en E, & l'vne eft auffi longue que l'autre. La demande eft, combien de diftances ont les cordes en E, attachees de B & C, & combien longues ? Pofez que B E foit 10 ; E C fera 20, & puis multipliez B E en foy, & en viendront 100, lefquels adiouftez auec le quadrat A B, & en viendront 500. En apres adiouftez le quadrat E C auec le quadrat D C, & en viendront 625, qui deuroient eftre 500, qui eft plus 125. Pofez donc pour B E 15, & il en viendra plus 175, lefquels deux faux nombres demonftrent par leur regle, que B E fait 12$\frac{1}{11}$, & E C fait 17$\frac{11}{11}$: & par la quarante-huitiefme propofition fera A E ou D E γ 546$\frac{1}{44}$, qui eft bien pres de 23$\frac{3}{16}$ pour l'vne & l'autre corde. Ou pofez pour C E 1 x: B E fera 30 — 1 x. Maintenant fi on adioufte le quadrat A B auec le quadrat B E, il

M

en viendra 1300 — 60 ℞ + 1 q, & le quadrat E C auec le quadrat D C
fera 225 + 1 q, egaux à 1300 — 60 ℞ + 1 q, facit 1 ℞ egale à 17$\frac{11}{12}$ pour C E,
& 12$\frac{1}{12}$ pour B E.

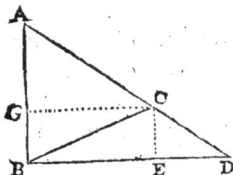

66.   Il y a vn triangle A B C, duquel A B fait
14, B C 13, C A 15, & A B est mis perpendiculairement sur vne ligne qui soit B D incogneuë,
& A C est prolongee iusques à ce qu'elle ren-
contre la base en D. La demande est, combien
fera B D & D C ? Responce: Faites vne per-
pendiculaire occulte, qui soit C F, pour laquelle posez 1 ℞, & la multipliez en soy, qui fera 1 q, lequel tirez du quadrat B C, & en restera
169 — 1 q, desquels tirez √, & fera √ 169 — 1 q pour B F, ou C G, lesquels multipliez en soy, & adioustez le produit auec le quadrat A G,
& en viendra 365 — 28 ℞ egale à 225, fait 1 ℞ egale à 5, pour C F ou G B,
qui se pourroit aussi trouuer par la cinquante-cinquiesme proposition. Lesquels 5 tirez de 14, & resteront 9 pour G A. En apres dites
par la regle de trois, si 9 font 15, combien feront 5 ? fait 8$\frac{1}{3}$ pour C D, &
puis par la quarante-huitiesme proposition fera B D 18$\frac{1}{3}$.

67.   Il y a deux triangles A B C & D G B, rectangles en B & C; & A
B fait 6, D C 8, & B C 10, & leurs hypothenuses se coupent l'vne l'autre en F. La demande est, combien soit A F & F B ? Responce: Fai-

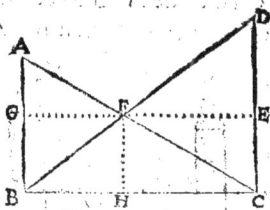

tes deux lignes occultes, qui soient G E &
F H par l'angle F, & que F H soit perpendiculaire sur la base, & G E parallele à icelle
base. Posez pour H C 1 ℞, en disant B C 10
donne A B 6, combien donnera 1 ℞ ? fait $\frac{3}{5}$
℞ pour F H, & puis sçachez que les 3 aires
A B F, B C F, C D F ensemble font autant
que les deux aires A B C, & B C D moins
l'aire de B C F. Pource trouuez par la cinquante-vniesme proposition lesdits 3 aires, qui font ensemble 30 + 4 ℞, & l'aire des deux
triangles A B C, & B C D fait 70, desquels tirez l'aire B C F, qui fait 3 ℞,
& resteront 70 — 3 ℞ egaux à 30 + 4 ℞, & 1 ℞ egale à 5$\frac{5}{7}$ pour H C ou
F E, & B H ou G F fera 4$\frac{2}{7}$ & puis par la quarante-huitiesme proposition fera B F √ 30$\frac{6}{49}$, & A F √ 24$\frac{48}{49}$.

68.   Il y a vn triangle B C D rectangle en C, duquel B C fait 8, C D
6, B D 10; & la ligne B D est prolongee iusques en A, en sorte que A
D fait 5, & dudit poinct A on tire vne ligne en C. La demande est,

combien eſt ladite ligne A C ? Reſponce : Tirez vne perpendiculaire obſcure de A ſur la baſe qui ſoit en E, & puis comme B C a proportion auec D C, ainſi a A B auec la perpendiculaire A E. Pource dites, ſi 10 font 6, combien
font 15, qui eſt A B, & en viendra 9 pour A E. En
apres tirez le quadrat A E du quadrat B A, & du
produit tirez √, & en viendra 12 pour B E, deſquels tirez B C, & en
reſteront 4 pour C E, & puis par la quarante-huitieſme propoſition
fera A C √ 97.

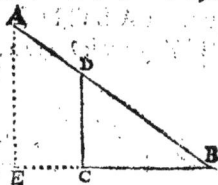

69.   Plus, il y a vn arbre A D C long
de 12 verges, lequel eſt conppé de ſorte que l'vne partie pend au tronc, & la
pointe tombe outre vne riuiere; tellement que la baſe C A, ou la diſtance
de la racine C iuſques aupres la pointe
A, fait 4. La demande eſt, combien ſoit la partie D A ? Poſez que D
C ſoit 5, D A ſera donc 7. Multipliez D C en ſoy, & en viendront 25,
leſquels adiouſtez auec le quadrat C A, qui eſt 16, & en viendront 41,
qui deuroient eſtre 49, leſquels font D A, qui eſt moins 8. Poſez
donc que C D ſoit 4, D A ſera 8, & en viendra moins 32, par leſquels
on trouue que C D fait 5⅛, & D A 6⅖. Ou poſez que C D ſoit 1 ℞, A
D ſera 12 — 1 ℞, ce quadrat fait 144 — 24 ℞ + 1 q : & ſi on adiouſte le
quadrat A C auec le quadrat C D, il en viendra 1 q + 16 egal à 144
— 24 ℞ + 1 q, & 1 ℞ ſera 5⅓.

70.   Plus, il y a vn triangle B C F, duquel B F
& F C ſont d'vne longueur, & chacun de 10,
& la baſe B C fait 8, lequel triangle doit eſtre
changé en deux quadrangles rectãgles : cherchez F E par la quarante-neufieſme, & en
vient √ 84, & puis tirez vne parallele, qui ſoit
L B, & vne autre parallele F L, & puis fera le
meſme quadrangle B E L F autant que le
triangle B C F. En apres tirez vne ligne C L,
laquelle diuiſera F E en deux parties egales, & fera vn triangle B C L,
qui tiendra autant de ſuperficie que le triangle B C F fera autant que
l'aire de L F B : & puis tirez vne ligne par la ſection de F E qu'elle ſoit
A D parallele auec B C, & auſſi vn autre parallele D C, adoncques le

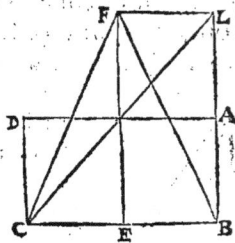

quadrat A B C D fera autant que le quadrat B E F L, ou le triangle
B C F qui fait $\sqrt{}$ 1344.

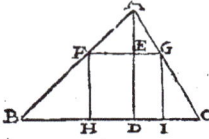

71. Plus, Il y a vn triangle A B C, duquel le cofté A C fait 13, B C 14, A B 15, dedans iceluy eft
fait fur B C vn quadrat le plus grand que faire fe
peut. La demande eft, combien fera grand vn
cofté dudit quadrat? Premierement cherchez
l'aire dudit triangle par la cinquante-vniefme propofition qui fait
84, & puis cherchez le perpendiculaire par la cinquante-cinquiéme
propofition qui fait 12. En apres pofez qu'vn cofté du quadrat foit 6,
le quadrat F G I H fera 36, & E A fera auffi 6, lefquels multipliez
auec la moytié de F G, & en viendront 18: les mefmes adiouftez auec
36, & en viendront 54, lefquels tirez de 84, & refteront 30 pour les
deux fuperficies C I G, & B F H: fi donc H I fait 6, il faut que C I
auec H B facent 8, lefquels multipliez par la moytié de F H ou G I, &
en viendront 24, qui deuroient eftre 30, qui eft —6: & fi on prend 4
pour le cofté du quadrat, il en vient moins 32, lefquels demonftrent
par leur regle 6$\frac{8}{13}$ pour le cofté dudit quadrat. Ou pofez pour le cofté
du quadrat 1 ℞, l'aire fera 1 q, & A E fera 12—1 ℞: les mefmes multi-
pliez auec la moytié de F G, qui eft $\frac{1}{2}$ ℞, & en viendront 6 ℞ — $\frac{1}{2}$ q: & fi
on tire H I 1 ℞ de B C 14, il en refteront 14—1 ℞ pour B H & I C: les
mefmes multipliez auec la moytié de G I, qui eft $\frac{1}{2}$ ℞, & en viendront
7 ℞ — $\frac{1}{2}$ q: les mefmes adiouftez auec 1 q, & 6 ℞ — $\frac{1}{2}$ q, & en viendront
13 ℞ egales à 84, & 1 ℞ eft egale à 6$\frac{6}{13}$ pour chacun cofté dudit quadrat.
Ou adiouftez A E 12—1 ℞ auec B H & I C 14—1 ℞, & en viendront
26—2 ℞: les mefmes multipliez auec la moytié de F G, & en viendront 13 ℞ — 1 q: auec les mefmes adiouftez l'aire du quadrat, qui eft
1 q, & en viendront auffi 13 ℞ egales à 84, & 1 ℞ fera 6$\frac{6}{13}$.

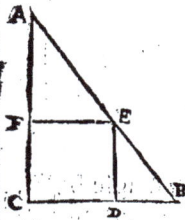

72. Plus, il y a vn triangle A B C rectangle en C,
dedans luy eft fait le plusgrand quadrat que faire
fe peut, & A C fait 8, & B C 6. La demande eft,
combien fera le cofté dudit quadrat? Refponce:
Trouuez l'aire dudit triangle A B C par la cinquante-vniefme propofition, & fera 24: & puis adiouftez A C auec C B, & fera 14, defquels prenez la
moytié qui font 7. En apres prenez que le cofté du
quadrat foit 4, lefquels multipliez par 7, & en viendront 28, qui deuroient eftre 24, & fait + 4. Prenez donc que le cofté dudit quadrat

foit 6, & operez comme auez fait auec les 4, & en viendront + 18, lefquels demonftrent par leur regle que chacun cofté fait 3½. Ou fi on pofe 1 ℞ pour le cofté, & qu'on le multiplie auec la moytié du cofté C B & B A, il en viendra 7 egales à 24, & 1 ℞ egale à 3½.

73. Plus, il y a vn quadrat A B C D fur vne ligne B H, & chacun cofté dudit quadrat fait 5, lequel doit eftre efleué; tellement que la perpendiculaire G H foit 4, & que le coin C ne fe defvoye hors de fon poinct. La demande eft, combien fera C H C I, & le cathete E I ? Refponce : Il faut fçauoir que le triangle C G H eft egal au triangle E C I. Si donc le quadrat G H eft tiré du quadrat G C, & la γ du produit fera 3 pour HC, & autant fait auffi 1 E. Et fi le quadrat fuft efleué en forte que E I fuft egal à G H, adonc feroit l'aire des deux triangles E I C & G H C la moytié autant que l'aire du quadrat.

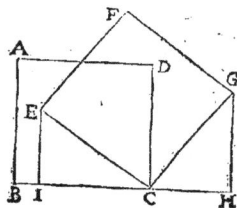

74. Plus, il y a vn cercle A B C D, c'eft à dire, vne fuperficie plane comprife d'vne feule ligne appellee circonference, au milieu de laquelle eft vn poinct E, qui s'appelle le centre, & la ligne droicte A C qui paffe d'vn cofté à l'autre par le centre s'appelle le diametre : & par l'inuention de nos anciens la circonference a proportion auec le diametre, comme 22 à 7 : & fi on multiplie la moytié de la circonference auec la moytié du diametre, il en vient toute la fuperficie, ou aire enclofe en ce cercle. Ie prends que le diametre foit 7, & la circonference (comme fufdit eft) 22 : fi donc la moytié de 22, qui font 11 font multipliez auec la moytié de 7, il en vient 38½ pour toute l'aire. La raifon pourquoy on multiplie la moytié de la circonference auec la moytié du diametre pour auoir l'aire, eft clairement demonftré par Archimede. Ou multipliez le quarré du diametre, & du produict en prenez les 11/14 parties; ou multipliez toute la circonference auec le diametre entier, le ¼ du produict fera l'aire; ou multipliez le quarré de la circonference, & les 7/88 parties font l'aire.

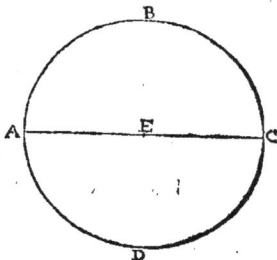

75. Plus, fi on fçait le diametre, & on veut fçauoir la circonference, prenez que le diametre foit 12 ; dites par la regle, fi 7 font 22, com-

M iij

bien font 12 ? fait : 7 $\frac{5}{7}$.

76.　Plus, fi on fçait la circonference, & on veut fçauoir le diame-tre, comme fi la circonference eft 37 $\frac{5}{7}$, dites 22 font 7, combien font 37 $\frac{5}{7}$? facit 12.

77.　Plus, il y a vn cercle, duquel la fuperficie fait 38 $\frac{1}{2}$, combien fera le diametre & la circonference chacun à part foy? Pofez que le dia-metre foit 1 ℞, la circonference fera 3 $\frac{1}{7}$ ℞ ; car 7 à 22 font comme 1 à 3 $\frac{1}{7}$; pour ce multipliez la moytié de l'vn auec la moytié de l'autre, & en viendront $\frac{11}{14}$ q, egaux à 38 $\frac{1}{2}$, fait 1 ℞ egale à 7 pour le diametre.

78.　Plus, l'aire d'vne circonference fait 38 $\frac{1}{2}$, & le diametre fait 7, combien fait la circonference dudit cercle? Diuifez l'aire par le $\frac{1}{4}$ du diametre, qui fait 1 $\frac{3}{4}$, & il en viendra 22 pour la circonference.

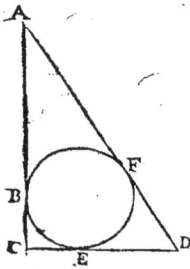

79.　Plus, l y a vne ligne droicte de 29, de laquelle doit eftre fait vn triangle rectangle pour enfermer dedans luy vn cercle qui a le diametre de 4 $\frac{1}{2}$. La demande eft, combien fera chacun cofté? Pofez pour l'hypothenufe AD 10, les deux autres coftez feront donc 19, defquels tirez les 10, & en refteront 9, qui doiuent eftre 4 $\frac{1}{2}$, fait + 4 $\frac{1}{2}$; (car fi on tire l'hypothenufe des deux autres coftez, il en refte le diametre) : mettez donc pour l'hypothenufe 8, & operez comme auec les 10, & en viendront + 8 $\frac{1}{2}$, qui demonftrent par leur regle que A D fait 12 $\frac{1}{4}$, lefquels tirez de 29, & refteront 16 $\frac{3}{4}$ pour A C & C D, lefquels diuifez en deux par-ties, de forte que fi on adioufte leurs quadrats enfemble, qu'il en vienne autant que fi on multiplie A D en foy, & en viendra 8 $\frac{3}{8}$ — $\sqrt{}$ 4 $\frac{57}{64}$ pour C D, & 8 $\frac{3}{8}$ + $\sqrt{}$ 4 $\frac{57}{64}$ pour A C.

Autrement: Sçachez que les deux lignes qui viennent de C, l'vne vers A, & l'autre vers, D touchent la circonference en quelque place: adonc ie dis, que les deux lignes de chacun angle iufques au touche-ment de la circonference, qui eft en B & E, feront egales l'vne à l'au-tre, comme D E eft egal à D F & A F à A B, pource fi le diametre fait 4 $\frac{1}{2}$, B C ou E C feront 2 $\frac{1}{4}$: & fi ie prends pour D E 1 ℞, D F fera auffi 1 ℞ : & puis fi on tire B C, C D, & D F qui font enfemble 4 $\frac{1}{4}$ + 2 ℞ de 29, il en reftera 24 $\frac{1}{4}$ — 2 ℞ pour A B & A F, defquels la moytié fait 12 $\frac{1}{4}$ — 1 ℞ pour A B ou A F. Le cofté A C fera donc 14 $\frac{1}{2}$ — 1 ℞. Auec les mefmes adiouftez C D 1 ℞ + 2 $\frac{1}{4}$, ils feront 16 $\frac{3}{4}$ pour A C & C D enfemble. Les mefmes tirez de 29, il reftera 12 $\frac{1}{4}$ pour A D : les mef-

mes tirez de 29, il resteront 16 ¼ pour A C & C D. Posez que A C soit
1 ℞, C D fera 16 ¼ — 1 ℞, & leurs quadrats ensemble feront 2 q + 280
1/16 — 33 ½ ℞, qui sont egaux à 150 1/16, le quadrat de 12 ½, ainsi sera 1 ℞ egale à 8 ⅛ — √ 4 17/64 pour C D, & 8 ⅛ + √ 4 17/64 pour A C.

80.   Item, il y a vn triangle A C D rectangle en C, duquel A C fait
8, C D 6, A D 10, dedans le mesme est fait vn cercle si grand que se
faire pouuoit. La demande est, combien soit son diametre ? Responce : Par la cinquante-vniesme proposition l'aire sera 24 , & pour le
demi-diametre posez 1 ℞, & puis adioustez les 3 costez ensemble, qui
feront 24, desquels la moytié fait 12, les mesmes multipliez auec 1 ℞,
& feront 12 ℞ egales à 24, & 1 ℞ fera 2, & tout le diametre sera 4.

81.   Item, il a vn triangle rectangle en N,
duquel M N fait 10, N L 18, en iceluy sont
faits deux cercles egaux si grands que faire
se pouuoit sur le base MN. La demande est,
combien contient le diametre de l'vn ou
l'autre ? Responce : Pour N P le demi-diametre posez 1 ℞, le reste P L fera 18 — ℞.
Plus, cherchez l'aire de tout le triangle par
la cinquante-vniesme proposition qui fait
90. Plus ayant tiré la ligne A L , cherchez
les 4 aires de A L P , A P N O, A O M, &
A M L, à sçauoir, multipliez A P 3 ℞, auec la
moytié de L P, qui est 9 — ½ ℞, & il en viendront 27 ℞ — 1 ½ q pour l'aire A L P. Plus,
multipliez A P 3 ℞, auec P N 1 ℞, & il en viendront 3 q pour l'aire
A P O N. Plus, multipliez A O 1 ℞, auec la moytié de M O, qui est 5 —
1 ½ ℞, & il en viendront 5 ℞ 1 ½ q. Encore adioustez le quadrat L N auec
le quadrat M N, & du produit tirez √, & il en viendront √ 424 : les
mesmes multipliez auec ½ ℞, ou √ ¼ q, & en viendront √ 106 q pour
l'aire A L M, & tous les 4 aires ensemble feront 32 ℞ + √ 106 q, egaux
à 90, ou 1024 q + 8100 — 5760 ℞, seront egaux à 106 q, ou 918 q + 8100
sont egaux à 5760 ℞, ou 1 q + 8 14/17 sont egaux à 6 ⅔ ℞, & 1 ℞ sera egale
à 3 7/51 — √ 1 49/601 : les mesmes doublez, & feront 6 14/51 — √ 4 196/2601 pour
chacun diametre. Ou si on multiplie L N auec la moytié de A P, &
M N auec la moytié de A O, & L M auec la moytié de A R, les 3 aires
ensemble feront aussi 32 ℞ + √ 106 q, egaux à 90. Mais si les deux cercles estoient faits sur L N la plus longue ligne, les diametres deuien-

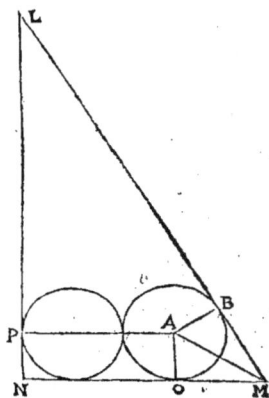

droient auſſi plus grands par la meſme demonſtration.

82. Item, il y a vn triangle A B C, duquel le coſté A C fait 13, A B 14, B C 15, dans le meſme ſont faits deux cercles egaux ſi grands que faire ſe pouuoit. La demande eſt, de combien eſt la longueur de leurs diametres ? Reſponce : Pour faire deux cercles d'vne grandeur, & au plus grand que faire ſe peut en vn triangle ſcalene, il faut que leſdits deux cercles touchent la plus grande ligne dudit triangle, qui eſt en F & G. Premierement cherchez l'aire de tout le triangle, qui ſera 84 par la cinquante-vnieſme, ou cinquante-quatrieſme propoſition; & puis tirez des lignes occultes des deux centres D & E en A B C F G ; & pour le demi-diametre poſez 1 2e, l'eſpace D E ſera 2 2e, & B F auec G C ſera 15 — 2 2e: les meſmes adiouſtez auec A B 14, & A C 13, & feront 42 — 2 2e: les meſmes multipliez auec 1 2e le demi-diametre, & en viendront 21 2e — 1 q pour les 4 aires A E C, A D B, B D F, C E G. Plus, multipliez D E 2 2e auec E G 1 2e, & feront 2 q pour l'aire D F E G. Plus, diuiſez 84 l'aire entier par la moytié B C, & en viendront 11 $\frac{1}{5}$ pour la perpendiculaire A H, deſquels tirez E G 1 2e, & reſteront 11 $\frac{1}{5}$ — 1 2e pour la perpendiculaire A I : les meſmes multipliez auec la moytié D E, & en viendront 11 $\frac{1}{5}$ 2e — 1 q pour l'aire A D E : le meſme adiouſtez auec 21 2e — 1 q, & 2 q, & feront 32 $\frac{1}{5}$ 2e egales à 84, facit 1 2e egale à 2 $\frac{14}{23}$ pour le demi-diametre, & 5 $\frac{15}{23}$ pour le diametre entier.

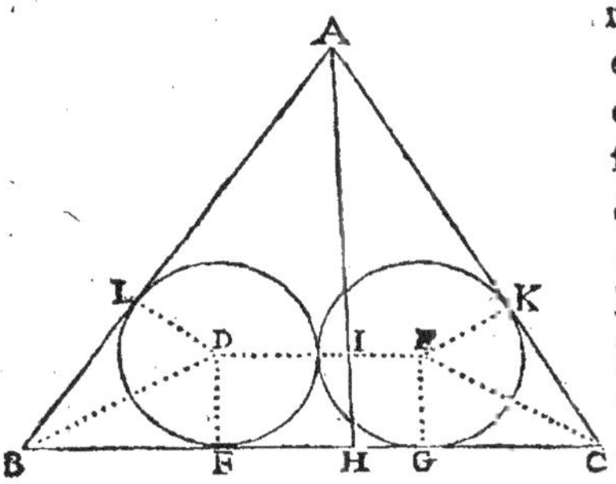

83. Plus, il y a vn triangle oxigone A B C, duquel A B fait 15, B C 14, A C 13, dedans luy eſt fait vn cercle ſi grand que faire ſe peut. La demande eſt, combien ſoit ſon diametre ? Reſponce: Trouuez par la cinquante-vnieſme propoſition ſon aire, & en viendra 84, & poſez pour le diametre 1 ℞, & le demi-diametre ſera $\frac{1}{2}$ ℞, & la moytié de tous les 3 coſtez fait 21, leſquels multipliez par $\frac{1}{2}$ ℞, & en viẽdra 10 $\frac{1}{2}$ ℞ egales à 84, & 1 ℞ eſt egale à 8 pour le diametre.

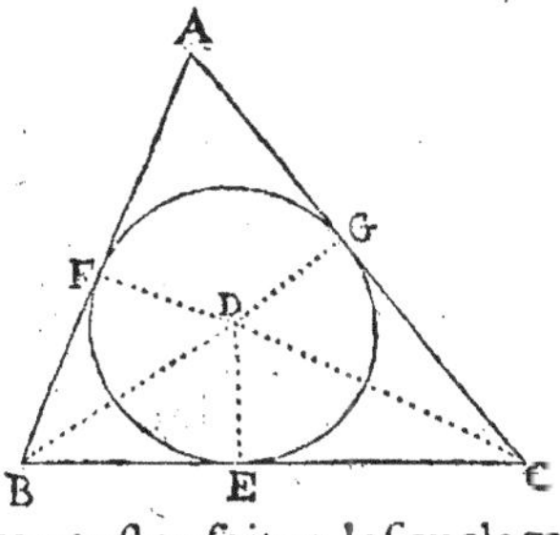

84. Item,

84. Item, il y a vn triangle ABC, duquel l'aire fait 84, & B C fait τ plus que A C, & A B fait 1 plus que A B. Dedans le mesme triangle est fait vn cercle si grand que faire se peut, duquel le diametre est 8, combien est chacun cofté? Posez pour A C 1 ℞, B C fera 1 ℞ + 1, & A B fera 1 ℞ + 2, & le tout enfemble fait 3 ℞ + 3 : les mesmes multipliez auec le ¼ de 8 tout le diametre, & en viendront 6 ℞ + 6, egales à 84, & 1 ℞ fera 13 pour A C, 14 pour B C, & 15 pour A B.

85. Plus, il y a vn triangle rectangle A D C, duquel A D fait 6, & D C 8, fur lequel est mis vn cercle qui a le diametre 5, & la circonference touche les deux coftez A D en H, & DC en I, & l'hypothenufe pasfe par la circonference. La demande est, combien foit la partie O P, laquelle la circonference comprend. Premierement, cherchez l'aire de tout le triangle par la cinquante-vniefme propofition, & fera 24, & puis tirez du centre S des lignes fecrettes, qui font R S, C S, S A, S I, S H, par lefquelles font faites 4 fuperficies, à fçauoir, 3 triangles & vn quadrat. Posez que R S foit 1 ℞, & par la cinquante-vniefme propofition cherchez toutes les fuperficies, & en viendront enfemble 17 ½ + 5 ℞ egales à 24, & 1 ℞ egales à 1 ³⁄₁₀ pour R S, lefquels adiouftez auec le demi-diametre, & les tirez du demi-diametre, & en viendront 3 ⁸⁄₁₀, & 1 ⁷⁄₁₀, lefquels deux produits multipliez l'vn par l'autre, & en viendront 4 ¹⁴⁄₁₅ : les mesmes multipliez par 4, & feront 18 ⁶⁄₁₅, defquels tirez √, & fera √ 18 ⁴⁄₁₅ pour O P.

86. Plus, pour tirer racine quarree Geometrique, ie prends d'auoir √ de 9, faites vne ligne droite, & la mesme diuifez en 9 parties egales, & foit DC : à la mesme adiouftez vn (c'est à dire qu'il faut toufiours adioufter vn à la mesme ligne qui foit D B), & puis diuifez B C en deux parties egales, & mettez le pied d'vn compas au milieu de cefte ligne, & l'autre pied eftendez iufques en B ou en C, & faites vne circonference, & puis tirez vne perpendiculaire de la circonference fur D, qui foit A D : la mesme ligne fera √ de 9, qui font 3 ; car fi on multiplie B D en D C, la √ du produit fait A D.

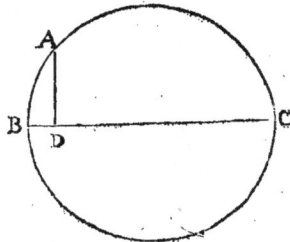

87.   Plus, il y a vn cercle duquelle diametre B C fait 10, & le moyen proportionnal A D fait 3, combien font les deux extrémes B D & D C ? Posez pour B D 1 ℞, D C fera 10 — 1 ℞, lesquels multipliez par 1 ℞, & en viendra 10 ℞ — 1 q, egal à 9, qui est le quadrat de A D, & 10 ℞ seront egales à 1 q + 9, & 1 ℞ est egale à 1 pour B D, lesquels tirez de 10 resteront 9 pour D C.

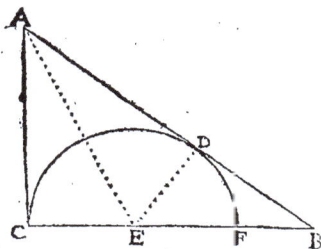

88.   Plus, il y a vn triangle A B C re-ctangle en C, duquel A C fait 6, B C 8, A B 10, dedans luy est fait sur la base B C le plus grand demy cercle que faire se peut. La demande est, combien fera son diametre F C. Premierement, cherchez l'aire par la cinquante-vniesme propo-sition qui fait 24, & puis adioustez A B auec A C, il feront 16 ; & pour le de-mi-diametre posez 1 ℞, lequel multipliez par la moytié de 16, & en viendront 8 ℞ egales à 24, & 1 ℞ est egale à 3 pour le demi-diametre, & 6 pour C F le diametre entier : & si le diametre du cercle couchoit sur A B, il feroit 6 ⅖.

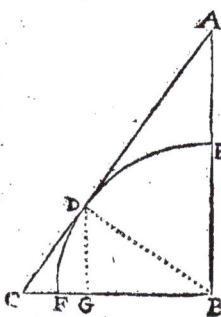

89.   Plus, il y a vn triangle A B C rectangle en B, dedans luy est fait la quatriefme part d'vn cer-cle, au plus grand que faire se peut, duquel le demi-diametre fait 120, & B C fait 150, & de C vers A iusques en D, où la circonference tou-che la ligne A C, est 90. La demande est, com-bien font A E & A D ? Responce : Tirez vne ligne secrette de B en D, laquelle fera autant que B F : & puis cherchez l'aire du triangle B D C en multipliant D C 90, auec la moytié de B D qui est 60, & en viendront 5400 : les mesmes diuisez auec la moytié de B C qui est 75, & en viendront 72 pour D G ; & par la quarante-neufiesme proposition, il en viendra 54 pour C G, & il resteront 96 pour B G. Encore dites C G 54 donnent D G 72, combien donnera B C 150 ? facit 200 pour A B, desquels tirez B E 120, & il en resteront 80 pour A E ; & par la quarante-huitiesme pro-position fera A C 250 : des mesmes tirez D C, & en resteront 160 pour A D.

90.   Plus, pour faire en vn cercle vn decagone, exagone, penta-

gone, tetragone, octagone, &
trigone ſi grand que faire ſe-
peut. Selon le premier liure du
9. chap. l'Almageſte de Pto-
lomee, faites vn demy cercle, duquel le diametre A B
ſoit pour exemple 24, & le diuiſez par C D en deux qua-
drants, de ſorte que A C, C D, B C faſſent chacun 12 : ceſte ligne en-
trera 6 fois, & ſera le coſté d'vn exagone.

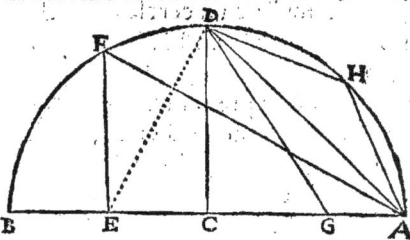

Plus, diuiſez le demi-diametre B C en deux parties egales, & chacune fera 6, & multipliez B E 6 auec E A 18, & il en viendront 108 :
des meſmes tirez γ, & fera γ 108, pour le moyen proportionnal F E.
Le meſme quadrat adiouſtez auec le quadrat A E, & de l'aggregat
tirez γ, & en viendront γ 432 pour A F le coſté d'vn trigone : & la
proportion du diametre, auec le coſté du trigone, eſt bien prés comme 15 à 13.

Plus, adiouſtez le quadrat C D auec le quadrat C A, & de l'aggregat tirez γ, & en viendront γ 288 pour A D le coſté d'vn quadrat, qui
eſt bien prés en proportion auec le diametre, comme 17 à 24.

Plus, prenez la diſtance de E en D, qui fait γ 180, & l'eſtendez de E
vers, A qui vient en G : des meſmes tirez E C 6, & il en reſteront
γ 180 — 6 pour C G le coſté d'vn decagone ; qui eſt bien prés en proportion auec le diametre, comme 67 à 120.

Plus, adiouſtez le quadrat C G auec le quadrat C D, & en vien-
dront 360 — γ 25920 ; des meſmes tirez γ, & en viendra γ vn. 360 — γ
25920 pour le coſté d'vn pentagone, qui eſt en proportion auec le
diametre, comme γ vn. 10 — γ 20 à 4, ou en nombres entiers fait-il
bien prés comme 5 à 8.

Plus, ſi on diuiſe le quadrat A D en deux parties egales, adonc fera
A H, ou H D le coſté d'vn octogone. Diuiſez le diametre en 2 parties,
de ſorte que ſi on multiplie l'vn auec l'autre, qu'il en vienne γ 72, la
moytié de A D par la 86. prop. il en viendra 12 — γ 72 pour la moindre extremité, leſquels multipliez en ſoy, & en viendront 216 — γ
41472 : aux meſmes adiouſtez le quadrat des γ 72, & en viendront
288 — γ 41472, deſquels la γ vn. fait γ vn. 288 — γ 41472, qui eſt bien
prés 9 $\frac{1}{2}$; ainſi ſera la proportion du diametre auec le coſté de l'octogone, comme 60 à 23.

91.   Item, il y a vn cercle duquel le diametre fait 8 , & on veut sçauoir combien le costé de son octogone fera. Dites 60 font 23, combien font 8 ? facit 3 $\frac{1}{15}$. Par ceste regle trouuera-on aussi tous les autres costez, en prenant la proportion de chacun entr'eux mesmes.

92.   Item si le costé d'vn pentagone fait 6, combien fera son diametre ? Par la 90. question est trouué que la proportion du diametre
est auec le costé, comme 5 à 8 ; pource dites, 5 font 8 , combien font
6 ? facit 9 $\frac{3}{5}$ pour le diametre. Et pareillement peut-on aussi operer
par les susdites regles en nombres irrationnaux.

93.   Item, il y a vn cercle, duquel le diametre est 24, pour y trouuer
son heptagone, diuisez 360 degrez, toute la circonferēce par 7, & en
viendront 51 degrez 26 minutes, desquels la moytié fait 25 degrez 43
minutes, desquels le sinus fait 43392; les mesmes doublez, & feront
86784. Dites, 200000 tout le diametre sur lesquels les tables des sinus sont comptez, font 24, combien feront 86784 ? fait bien prés 10 $\frac{2}{5}$
pour le costé d'vn heptagone, qui se peut faire en vn cercle qui a le
diametre 24. Ainsi a le diametre proportion auec le costé de l'heptagone, comme 30 à 13. Et pareillement trouuera-on tous les autres costez egaux qu'on veut faire en vn cercle.

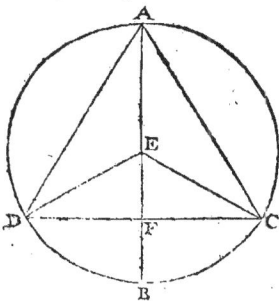

94.   Plus, il y a vn cercle duquel la circonference est 22, dedans luy est fait vn
triangle A D C equilateral , si grand que
faire se pouuoit. La demande est, combien est chacun costé ? Responce: Par la
soixante-quatorziesme proposition le
diametre fait 7, desquels prenez $\frac{1}{4}$, qui fait
1 $\frac{3}{4}$ pour B F, & 1 $\frac{3}{4}$ pour F E, & 3 $\frac{1}{2}$ pour A E,
& si on multiplie B F 1 $\frac{3}{4}$ auec F A 5 $\frac{1}{4}$, il en
viendront 9 $\frac{3}{16}$, desquels γ fait γ 9 $\frac{3}{16}$ pour
D F le demy costé dudit triangle, lesquels
multipliez par 2, c'est à dire, par γ 4, & en viendront γ 36 $\frac{3}{4}$ pour chacun costé dudit triangle. Et si A D est rationnal, la perpendiculaire
A F sera tousiours irrationnale : & si on multiplie A F auec la moytié
de D C, il y en viendront γ 2:3 $\frac{101}{1??}$ pour l'aire. Ou posez pour A D 1 $\mathbb{R}$,
& D F sera $\frac{1}{2}$ $\mathbb{R}$, tirez le quadrat D F du quadrat A F, & du reste tirez
γ, & en viendra γ $\frac{3}{4}$ q, egales à 5 $\frac{1}{4}$ pour A F, ou $\frac{3}{4}$ q seront egaux à 27 $\frac{3}{4}$:
les mesmes diuisez par $\frac{3}{4}$ q, & en sortiront 36 $\frac{2}{3}$ des mesmes tirez γ, &
fera γ 36 $\frac{3}{4}$ pour A D. Ou multipliez le diametre A B 7 en soy, qui

font 49: des mefmes tirez le $\frac{1}{4}$, & refteront 36 $\frac{3}{4}$, des mefmes prenez γ, & fera γ 36 $\frac{3}{4}$. Et fi on tire le quadrat D F du quadrat A D, & qu'on tire γ du refte, il en viendrónt 5 $\frac{1}{4}$ pour A F. Et fi on prend $\frac{1}{3}$ de 5 $\frac{1}{4}$, il en viendront 1 $\frac{3}{4}$ pour B F. Et fi on adioufte AF 5 $\frac{1}{4}$ auec F B 1 $\frac{3}{4}$, il en viendront 7 pour A B tout le diametre, & l'aire du triangle auec l'aire du cercle a bien prés proportion comme 32 à 77.

95. Plus, il y a vn cercle duquel le diametre eft 8, dedans le mefme eft fait vn quadrat fi grand que faire fe pouuoit. La demande eft, combien contient vn cofté? Refponce: Multipliez 8 en foy, qui font 64, defquels prenez la moytié qui font 32: des mefmes tirez γ, & fera γ 32 pour chacun cofté dudit quadrat.

Plus, il y a vn quadrat qui a de chacun cofté γ 32, combien fera le diametre d'vn cercle qui l'enclot? Refponce: Le diametre du cercle fait autãt que la diagonale du quadrat, pource multipliez γ 32 en foy, & feront 32: les mefmes doublez, & feront 64, defquels tirez γ, & en viendront 8, pour la plus grande ligne qui fe peut faire audit cercle ou quadrat.

Item, fi le cofté d'vn quadrat eft vn nombre rationnal, fa diagonale fera irrationnale: & le contraire, fi le dimetiens eft rationnal, le cofté du quadrat fera irrationnal.

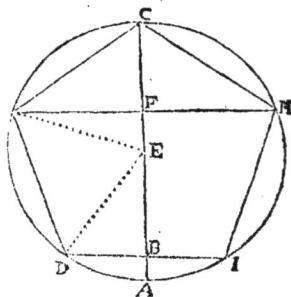

96. Item, il y a vne circonference, dedans la mefme eft fait vn pentagone D G C H I, & le diametre eft 16. La demande eft, combien foit le cofté dudit pentagone, & chacune des autres lignes à part? Refponce: Par la 90. prop. le cofté du pentagone fera vn. γ 160 — γ 1520; & puis pofez pour EF 1 ℞, F C fera 8 — 1 ℞. Maintenant fi on tire le quadrat E F, qui fait 1 q de E G 64, il en refteront 64 — 1 q; & pareillement fi on tire le quadrat C F du quadrat C G, il en reftera 16 ℞ + 96 — 1 q — γ 5120, egaux à 64 — 1 q; fait 1 ℞ egale à γ 20 — 2 pour E F: les mefmes tirez de C E 8, & il en refteront 10 — γ 20 pour C F.

Plus, fi on tire le qnadrat E F du quadrat E G, il en refteront 40 + γ 320: des mefmes tirez γ, & fera vn. γ 40 + γ 320 pour F G; les mefmes doublez, & en viendront vn. γ 160 + γ 520 pour G H. Encore prenez la moytié de D I vn. γ 100 — γ 520, qui fait vn. γ 40 — γ 320

N iij

pour D B : le mefme quadrat tirez du quadrat D E, & du refte tirez γ, & en viendront vn. γ 24 + γ 320 pour BE : les mefmes tirez de AE 8, & il en refteront 8 — vn. γ 24 + γ 320 pour A B.

Item, quand on multiplie G H en foy, il y en vient autant que fi on multiplie G H en G C, & qu'on adioufte auec le produit le quadrat GC, & par la quatre-vingt-fixiefme propofition, fi on multiplie A B auec B C, il vient autant que fi on multiplie B D en foy. Et fi on multiplie F G vn. γ 40 + γ 320, auec 4 la moytié de C E, il en vient vn. γ 640 + γ 81920 pour l'aire du triangle C E G, defquels la fuperficie de tout le pentagone contient 5 fois autant.

> A C, 16.
> A E, ou E C, D E, E G 8.
> C F, 10 — γ 20.
> E F, γ 20 — 2.
> B E, v. γ 24 + γ 320.
> A B, 8 — v. γ 24 + γ 320.
> B D, v. γ 40 — γ 320.
> F G, v. γ 40 + γ 320.
> G H, v. γ 160 + γ 5120.
> G C, v. γ 160 — γ 5120.

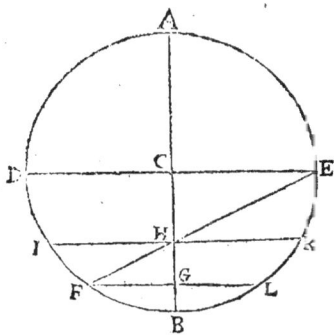

97.   Plus, il y a vn cercle de deux diametres à rectangles A B & D E chacun de 10, & leur centre eft C, & B C eft diuifé en 3 parties par H & G, dont HC fait 2 $\frac{1}{2}$; & le moyen protionnal entre B G & G A, eft F G, & fait 3; & puis eft tiree vne ligne de F en E, laquelle tranche le diametre en H : adonc par la quarante-huitiefme propofition fera E H γ 31 $\frac{1}{4}$, & H F γ 11 $\frac{1}{4}$: & par la cinquantiefme propofition fera H G 1 $\frac{1}{2}$: & puis fi on tire G C de B C, il en reftera vn pour B G : adonc fi B H eft multiplié en H A, il en vient autant que fi on multiplie F H en H E, ou I H en H K.

98.   Plus, il y a vn cercle, duquel le diametre D F fait 12, & dedans luy font faits 3 autres cercles egaux & fi grands qui peuuent entrer en cedit cercle. La demande eft, combien foit vn de leur diametre?

Posez que les 3 centres soient A, B, C, & puis tirez de chacun à l'autre vne ligne, & en viendra
vn triangle A B C equilateral, dont chacun
costé fait autant que le diametre d'vn des petits cercles. Prenez donc que A B soit 1 $\mathcal{R}$, A E
fera par la quarante-neufiesme proposition
$\nu \frac{3}{4} q$, desquels tirez le $\frac{1}{3}$, & en restera $\nu \frac{1}{3} q$, laquelle adioustez auec A D, qui est la moytié
autant que A B, & fera $\frac{1}{2} \mathcal{R} + \nu \frac{1}{3} q$ egale à 6, &
1 $\mathcal{R}$ fera egale à ν 1728 — 36.

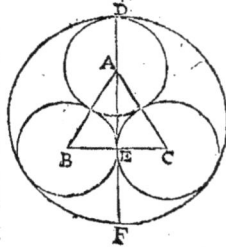

99. Plus, si on dit il y a 3 cercles egaux, desquels chacun diametre
fait 9, combien sera le diametre d'vn autre cercle qui enclot lesdits 3
cercles au plus prés que faire se peut ? Responce : Multipliez tousiours le diametre d'vn petit cercle par 1 + ν 1 $\frac{1}{3}$, & il en viendra le
plus grand diametre qui fera icy 9 + ν 108.

Autrement : Multipliez A C 9 en soy, & en viendront 81, & la
moytié de 9, qui est 4 $\frac{1}{2}$ pour C E en soy font 20 $\frac{1}{4}$: les mesmes tirez
de 81, & il resteront ν 60 $\frac{3}{4}$ pour A E ; des mesmes tirez $\frac{1}{3}$, & en restera
ν 27 ; auec les mesmes adioustez A D 4 $\frac{1}{2}$, & feront 4 $\frac{1}{2}$ + ν 27 pour le
demi-diametre, & 9 + ν 108 pour le diametre entier, qui ont propor-
tion auec 9, comme 1 + ν 1 $\frac{1}{3}$ à vn, ou comme vn à ν 12 — 3.

100. Plus, il y a vn cercle duquel le
diametre fait 12, dedans le mesme sont
faits 4 autres cercles d'vne grandeur,
de sorte qu'il n'y en peut entrer de plus
grands. La demande est, combien
est chacun diametre ? Posez que cha-
cun soit 1 $\mathcal{R}$, lequel multipliez en soy, &
en viendra 1 q, lequel doublez, & il fera
2 q : des mesmes tirez ν, & fera ν 2 q :
aux mesmes adioustez 1 $\mathcal{R}$, & en vien-
dra 1 $\mathcal{R}$ + ν 2 q egaux à 12 ; fait 1 $\mathcal{R}$ egale à ν 288 — 12. Ou si on diuise le plus grand diametre par 1 + ν 2, il
en vient aussi vn des moindres diametres. Ou si on multiplie les 12
auec ν 2 — 1, il en viendront aussi ν 288 — 12, qui ont proportion auec
12, comme ν 2 — 1 à 1.

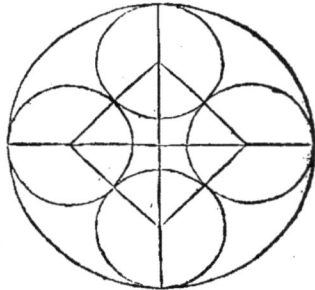

101. Plus, il y a 4 cercles d'vne grandeur, desquels chacun diametre
fait ν 288 — 12, & on les veut enfermer d'vn autre cercle aussi prés que

faire fe peut, combien fera le diametre du plus grand cercle? Pofez 1 æ, & puis multipliez $\sqrt{288}$ — 12 en foy, & auec le double du produit adiouftez $\sqrt{288}$ — 12, & en viendra 12 pour le plus grand diametre;ou fi on multiplie $\sqrt{288}$ — 12 par 1 + $\sqrt{2}$, il en viendra auffi 12.

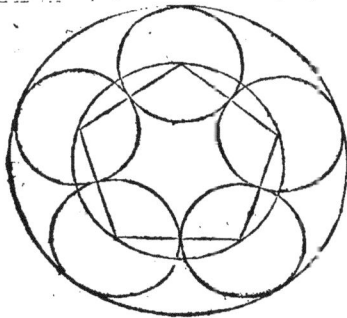

102. Plus, il y a vn cercle duquel le diametre fait 4, & en la mefme circonference font faicts 5 autres cercles d'vne grandeur, & chacun touche l'autre, & tous les 5 centres viennent fur la mefme circonference, & puis vn autre cercle plus grand les enferme fi prés que faire fe peut. La demande eft, combien fera chacun diametre? Refponce: Sçachez, fuiuant la 90. prop. que la proportion du diametre au cofté de fon pentagone eft comme 24 à v. $\sqrt{360}$ — $\sqrt{25920}$; adonc par la regle de trois le cofté du pentagone d'vn cercle, qui a 4 pour diametre fera v.$\sqrt{10}$ — $\sqrt{20}$, & autant fera auffi le diametre d'vn des 5 cercles egaux, lefquels adiouftez auec le diametre du moyen cercle, qui eft 4, & en viendra 4 + v. $\sqrt{10}$ — $\sqrt{20}$ pour le diametre du cercle qui enferme tous les autres cercles, & fait bien prés $6\frac{7}{10}$.

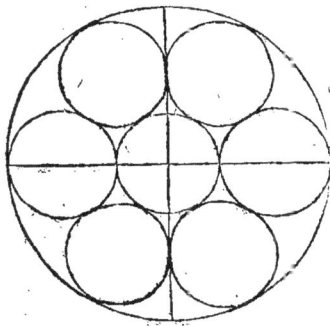

103. Plus, il y a vn cercle duquel le diametre fait 12, qui enferme 7 autres cercles d'vne grandeur, dont les 6 viennent en rondeur, & le feptiefme a le mefme centre du plus grand cercle. La demande eft, combien eft chacun diametre des petits cercles? Refponce: Prenez $\frac{1}{3}$ de 12, qui fait 4, pour le diametre d'vn moindre cercle. Et fi on dit il y a 7 cercles d'vne grandeur, defquels chacun diametre fait 4, & on les veut enfermer enfemble par vn autre cercle, combien fera le diametre du cercle qui les les doit enfermer? Refponce: Multipliez le diametre d'vn moindre cercle par 3, & en viendront 12 pour le plus grand diametre.

Car fi on fait 6 cercles egaux en vn cercle, au milieu il y refte vne

place,

RECREATIVES. 105

place, à la mesme il y entre vn des mesmes cercles, à cause que le demi-
diametre d'vn cercle donne le costé d'vn exagone audit cercle.

104. Plus, il y a vn cercle duquel
le diametre fait 12, dedans luy sont
faits 6 autres cercles d'vne grandeur, & de sorte que chacun touche l'vn l'autre en forme d'vn triāgle, & les trois extrémes touchent
la circonference du plus grand
cercle. La demande est, combien
est le diametre d'vn chacun des-
dits petits cercles? Responce: Posez qu'il soit 1 ℞, adonc sera vn costé du triangle R M N 2 ℞, & par
la cinquantiesme proposition fera

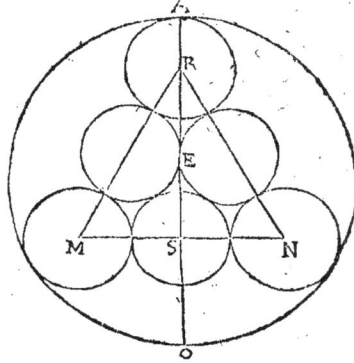

R S γ 3 q, desquels prenez $\frac{1}{3}$, qui fait $\gamma \frac{1}{3} q$, & resteront $\gamma \frac{12}{3} q$, aux mesmes adioustez A R, qui est $\frac{1}{2}$ ℞, & en viendra $\frac{1}{2}$ ℞ + $\gamma \frac{12}{3} q$, egale à 6,
qui est le demi-diametre A E, & 1 ℞ est egale à γ 40 $\frac{151}{169}$ − 2 $\frac{10}{13}$, pour
vn diametre des petits cercles.

105. Plus, il y a vn cercle dedans le mesme est fait vn triangle equilateral, & vn
quadrat, si grand qui se peut faire; de sorte
que si on multiplie le costé du quadrat
auec le costé du triāgle, il en vient γ7776.
La demande est, combien est chacun co-
sté, & aussi le diametre? Responce: Pour
faire ceste question, il faut sçauoir, que les
deux costez du quadrat & du triangle ont
proportion ensemble, comme γ 1 à γ 1 $\frac{1}{2}$. Posez donc que le costé du
quadrat soit γ 1 q, le costé du triangle sera γ 1 $\frac{1}{2} q$, lesquels multipliez
l'vn par l'autre, & en viendront γ 1 $\frac{1}{2} q q$, egaux à γ 7776, & 1 q est egal
à 72, & 1 ℞ est egale à γ 72, pour le costé du quadrat: & puis dites, si γ1
q donne γ 72, combien donnera γ 1 $\frac{1}{2} q$? fait γ 108, pour le costé du
triangle, & par la 48. prop. fera le diametre 12.

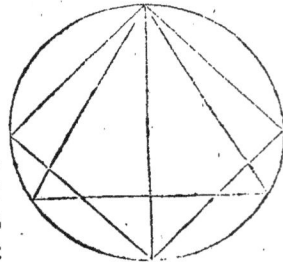

106. Plus, il y a deux cercles inegaux sur vne ligne droicte B E, dont
C est le centre du maieur cercle, & D C est son demi-diametre, & les
2 circonferences se couppent en A, & la ligne de A en B fait 6, & B
D fait 2. La demande est, combien est chacun diametre? Responce:

O

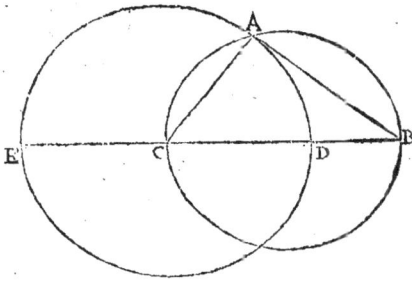

Pofez que D C foit 1 ᴣ, A C fera auſſi 1 ᴣ, & B C fera 1 ᴣ + 2, lesquels multipliez en ſoy, & en viendrõt 1 q + 4 ᴣ + 4, deſquels tirez le quadrat A B 6, & en reſteront 1 q + 4 ᴣ — 32, egaux au quadrat A C qui fait 1 q, & 4 ᴣ ſont egales à 32, & 1 ᴣ egale à 8 pour C D, 16 pour le diametre D E, & 10 pour B C.

107.   Plus, il y a vn cercle duquel le diametre F G fait 10, ſur lequel pendent deux moyens proportionnaux A B & D E, dont A B fait γ 24, & D E fait 4. La demande eſt, combien ſoit F B, B C, C E, E G ? Reſponce: Poſez que E G ſoit 1 ᴣ, F E fera 10 — 1 ᴣ, lesquels multipliez l'vn par l'autre, & en viendront 10 ᴣ — 1 q, egaux à 16, qui eſt le quadrat de E D, & 1 ᴣ fera 2 pour E G; & pareillement trouuez F B, & en viendront 4, lesquels adiouſtez auec 2, & feront 6 : les

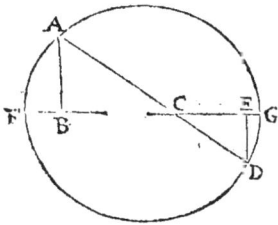

meſmes tirez de 10, & reſteront 4 pour B E, & encore poſez pour C E 1 ᴣ, B C fera 4 — 1 ᴣ, pource ſi 1 ᴣ donne 4, les 4 — 1 ᴣ donneront $\frac{16 - 4 ᴣ}{1 ᴣ}$ egaux à γ 24, & 32 ſont egaux à 1 q + 16 ᴣ, & 1 ᴣ eſt egale à γ 96 — 8 pour C E, & 12 — γ 96 pour B C.

108.   Plus, il y a vn cercle duquel A B eſt le diametre qui fait autant que le cathete A B d'vn triangle A E C equilateral, & la partie D C qui paſſe outre le cercle fait 4. La demande eſt, combien eſt vn coſté dudit triangle, & auſſi le diametre du cercle ? Poſez pour A D 1 ᴣ, A C fera donc 1 ᴣ + 4, & B C fera ⅓ ᴣ + 2. Et puis ſi on multiplie A C en C D, il en vient autant que ſi on multiplie

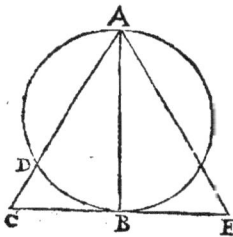

B C en ſoy, & il en viendra 4 ᴣ + 16, egaux à ¼ q + 2 ᴣ + 4, & 1 ᴣ eſt egale à 12 pour A D, lesquels adiouſtez auec D C, & en viendront 16 pour A C; & par la 49. prop. fera A B γ 192.

109.   Plus, il y a vn demi-cercle duquel le diametre eſt DH : dedans

le mefme eft fait vn triangle ambligone A B C, dont A B fait 4, B C 12, A C
14, & la circonference touche les 3
coings en A B & C. La demande eft,
combien fera le diametre dudit demi-
cercle ? Refponce : Premierement,

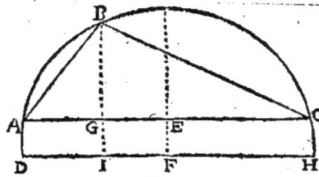

cherchez l'aire dudit triangle par la cinquante-vniéme propofition,
& en viendront γ 4955. les mefmes diuifez par 7, ou γ 49, qui eft la
moytié de A C, & il en viendront γ 10 $\frac{5}{49}$ pour B G, & par la cinquante-cinquiefme propofition fera G C 11 $\frac{3}{7}$, & A G 2 $\frac{4}{7}$, & la moytié de
A C fait 7, defquels tirez A G, & refteront 4 $\frac{4}{7}$ pour E G ou F I. En
apres pofez pour E F 1 ν, laquelle multipliez en foy, & fera 1 q, le mefme adiouftez auec le quadrat A E, & en viendra 1 q + 49 : des mefmes tirez γ, & il fera γ 1 q + 49 pour le demi-diametre D F. En apres
adiouftez G E ou F I qui fait 4 $\frac{4}{7}$ auec le demi-diametre, & en viendra 4 $\frac{4}{7}$ + γ 1 q + 49 pour H I, & puis tirez 4 $\frac{4}{7}$ du demi-diametre, &
en reftera γ 1 q + 49 — 4 $\frac{4}{7}$, lefquels deux produits multipliez l'vn par
l'autre, & en viendra 1 q + 28 $\frac{9}{49}$, egaux à 1 q + γ 40 $\frac{10}{49}$ q + 10 $\frac{5}{49}$, qui eft
le quadrat de 1 ν + γ 10 $\frac{5}{49}$ de B I, & en viendront γ 40 $\frac{10}{49}$ q, egaux à
18, & 1 ν egale à γ 8 $\frac{1}{13}$ pour E F ou G I. Maintenant fi on adioufte le
quadrat A G qui fait 49 auec le quadrat E F qui fait 8 $\frac{1}{13}$, il en vien-
dront 57 $\frac{1}{13}$: des mefmes tirez γ, & fera γ 57 $\frac{1}{13}$ pour le demy, & γ 228
$\frac{4}{13}$ pour tout le diametre D H.

110. Plus, il y a vn demi-cercle, dedans
lequel y a vn triangle A B C qui fait vn
demy quadrat, pource que A B eft fi
long que A C, & tous les 3 coftez A B,
A C & B C font enfemble v. γ 432 +
γ 165888, combien fait chacun cofté

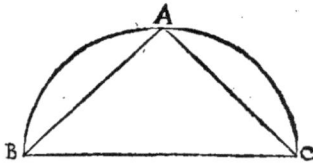

pour foy ? Refponce : Tirez γ de 432 + γ 165888 en cefte maniere:
multipliez la moytié des 432 en foy, & en viendront 46656, defquels
tirez la moytié de γ 165888, qui eft 41472, il en refteront 5184, defquels tirez γ, qui fait 72 : les mefmes adiouftez auec 216, & en viendront 288, & puis tirez auffi 72 de 216, & refteront 144, defquels deux
produits tirez γ, & en viendront 12 + γ 288 : les mefmes diuifez par
2 + γ 2, à caufe fi A B fait 1, A C fera auffi 1, qui font 2, & B C fera γ 2,
& les trois coftez enfemble font 12 + γ 288 : dites 2 + γ 2 font 12 + γ
288, combien fera A B qui eft 1, & en viendront γ 72 pour A B ou

A C, & puis par la quarante-huitiesme proposition fait B C 12.

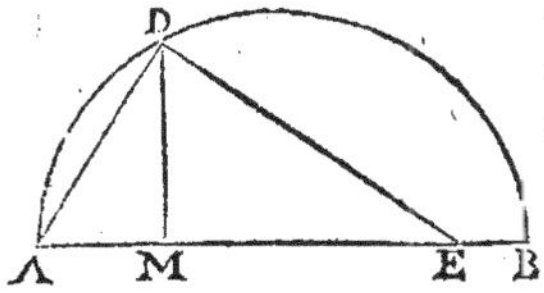

111. Plus, il y a vn demi-cercle, duquel le diametre A B fait 7 : dedans le mesme est fait vn triangle A E D couchant sur le diametre, & l'angle D & A touche la circonference, & A E fait 5, & A D fait 3. La demande est, combien soit D E ? Posez que A M soit 1 ℞, M B fera 7 — 1 ℞, lesquels multipliez par 1 ℞, & en viendra 7 ℞ — 1 q : aux mesmes adioustez le quadrat A M qui est 1 q, & en viendra 7 ℞ egales à 9. le quadrat de A D, & 1 ℞ egale à $1\frac{2}{7}$ pour A M. En apres trouuez D M par la 49. prop. & il fera $\surd\, 7\frac{17}{49}$. Encore tirez A M de A E, & il restera $3\frac{5}{7}$ pour M E, & puis par la quarante-huitiesme proposition fera D E $\surd\, 21\frac{7}{49}$.

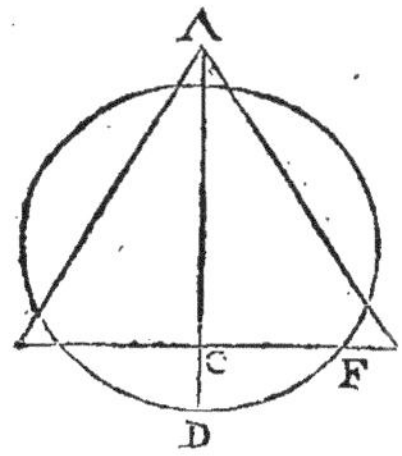

112. Plus, il y a vn cercle duquel le diametre fait 12, & encore il y a vn triangle equilateral, duquel le cathete A C fait aussi 12, qui couche sur le diametre que la circonference comprend les 3 costez du triangle de l'vn autant de longueur que de l'autre. La demande est, combien soit chacune partie couppee dans ledit cercle, c'est à dire, combien soit le double de C F ? Prenez la moytié du diametre qui fait 6, & son quadrat fait 36. Encore prenez le $\frac{1}{3}$ de A C qui fait 4, & son quadrat fait 16 : les mesmes tirez de 36, & il en resteront 20 : des mesmes tirez $\surd$, & fera $\surd\, 20$, desquels le double fait $\surd\, 80$ pour toute la partie couppee dedans ledit cercle qu'on a demandé.

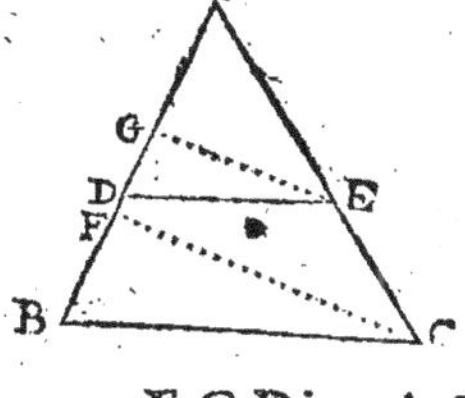

113. Plus, il y a vn triangle A B C, duquel A B fait 14, A C 15, & B C 13. En ce triangle est tiree vne ligne D E qui fait 8, & A E fait 9. La demande est, combien soit A D ? Responce : Tirez deux perpendiculaires sur A B qui sont C F & E G, & la longueur C F fera par la cinquante-quatriesme proposition 12, & pour trouuer E G. Dites A C 15 font C F 12, combien font A E 9 ? facit $7\frac{1}{5}$, & par la 49. proposition fera A F, & B F 5. Plus, dites A C 15 font A F 9, combien font A E ? facit $5\frac{2}{5}$ pour A G. Plus, tirez le quadrat E G du quadrat D E, & $\surd$ du reste fera $\surd\, 12\frac{4}{25}$ pour D G ; les mesmes adioustez auec $5\frac{2}{5}$, & il fera $5\frac{2}{5} + \surd\, 12\frac{4}{25}$ pour A D.

114. Plus, sur vne ligne C E sont faits deux demi-cercles, desquels les circonferences se rencontrent en E, & puis est tiree vne ligne de C en A, laquelle touche le moindre cercle en B; de sorte que A B fait 6, & B C 10. La demande est, combien soit E F le moindre diametre, & F C qui est la difference du moindre & plus grand diametre? Responce: Comme C A a proportion auec C E, ainsi a C B auec C D, pour ce mettez pour D C 1 ℞, & dites si 10 donnent 1 ℞, combien donneront 16? fait $1\frac{3}{5}$ ℞ pour E C: puis tirez 1 ℞ de $1\frac{3}{5}$ ℞, & resteront $\frac{3}{5}$ ℞ pour E D ou D F, ou D B. En apres par la quarente-huitiesme proposition fera C D $\frac{9}{25}q + 100$, egaux à $1q$, & $12\frac{1}{2}$ seront egaux à 1 ℞, qui est pour D C: pource dites, si 1 ℞ donne $12\frac{1}{2}$, combien donneront $\frac{3}{5}$ ℞? fait $7\frac{1}{2}$ pour E D, & 15 pour E F, & 20 pour E C.

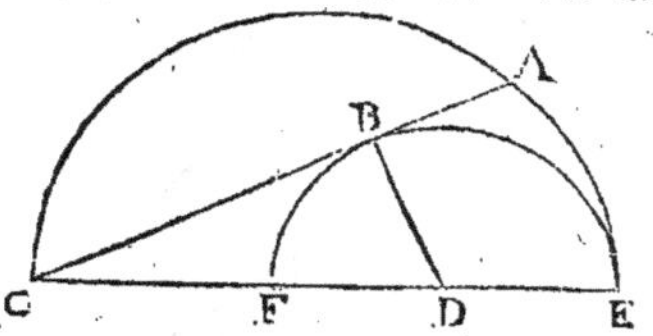

115. Plus, il y a vn demi-cercle, duquel le diametre A B fait 12, dedans luy est fait vn quadrat le plus grand que faire se peut. La demande est, combien fera chacun costé? Responce: Posez que C D soit 1 ℞, pource il faudra que les deux residus A C & D B soient 12 — 1 ℞, desquels la moytié fait 6 — $\frac{1}{2}$ ℞ pour A C ou B D; les mesmes adioustez auec CD, & feront $\frac{1}{2}$ ℞ + 6, lesquels multipliez par 6 — $\frac{1}{2}$ ℞, & en viendra 36 — $\frac{1}{4}q$, egaux à $1q$, qui est le quadrat d'vn costé, & les $\frac{5}{4}q$ feront egaux à 36, & 1 ℞ fera $\sqrt{28\frac{4}{5}}$ pour chacun costé dudit quadrat.

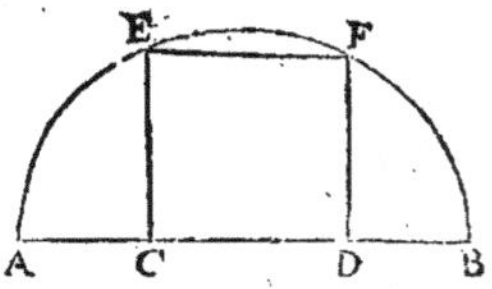

Autrement: Posez pour chacun costé 1 ℞, & puis adioustez le quadrat d'vn costé auec le quadrat du demi-costé ensemble, & il en vient $\frac{5}{4}q$, egaux à 36, qui est le quadrat du demi-diametre, & 1 ℞ fait $\sqrt{28\frac{4}{5}}$. Autrement: Sçachez que la proportion du diametre est auec le costé du quadrat, comme $\sqrt{5}$ à 1, pource diuisez 12 par $\sqrt{5}$, & il en viendront aussi $\sqrt{28\frac{4}{5}}$.

116. Plus, il y a vn demi-cercle, duquel E D est le diametre, sur le mesme est fait vn autre demi-cercle, duquel le diametre fait D G, lesquels deux diametres ont telle proportion ensemble, que si on diuise le plus grand demi-cercle en deux quadrants par A C, adonc la mesme ligne couppe la moindre circonference; de sorte que A B fait 4, & la partie G E fait 6. La demande est, combien soit chacun dia-

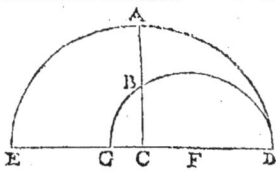

metre? Refponce : Pofez pour C G 1 ₧,
D C fera donc 6 + 1 ₧. Car G E fait 6, &
G C fait 1 ₧, qui font enfemble 1 ₧ + 6. Et
pource que D E eft diuifé en deux parties
egales, il faut que C D foit auffi 1 ₧ + 6. En
apres multipliez C G en C D, & il en vien-
dra 1 q + 6 ₧: des mefmes tirez γ, & le produit adiouftez auec A B, &
il en viendra 4 + γ 1 q + 6, egaux à 1 ₧ + 6, ou 1 ₧ + 2, egales à γ 1 q +
6 ₧, & 1 ₧ egale à 2 pour G C, efquels adiouftez auec C E, & il fera 8
pour E C, & 16 pour E D : & puis adiouftez G C auec D C, & en viendra 10 pour G D le moindre diametre.

117.   Plus, il y a vne ligne droiĉe
E C, fur laquelle eft fait vn demi-
cercle, duquel le diametre eft E D
& la ligne pendante, où le moyen
proportionnal A B fait 4, & de A
en C eft tiree vne ligne, laquelle

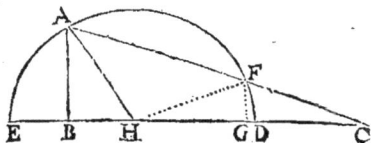

couppe la circonference en F, tellemēt que A F fait γ 50 & F C γ 450.
La demande eft, combien eft le diametre dudit cercle? Refponce:
Premierement, adiouftez A F auec F C qui feront γ 800, & puis par
la quarante-huitiefme propofition fera B C 28. Plus, tirez vne perpendiculaire occulte fur B C qui foit F G: adonc comme A B a proportion auec B C, ainfi a F G auec G C. Pofez que F G foit 1 ₧, & di-
tes C F γ 450 font F G 1 ₧, combien feront A C γ 800? facit $\gamma \frac{800}{450}$ q,
egaux à 4, & 1 q eft egal à 9, & 1 ₧ à 3 pour F G. En apres par la cin-
quantiefme propofition fera G C 21; les mefmes tirez de B C 28, il refteront 7 pour B G. Encore pofez pour B H 1 ₧, G H fera 7 — 1 ₧, & le
quadrat A B auec le quadrat B H fait 1 q + 16, qui eft egal au quadrat F G, & G H qui font enfemble 1 q + 58 — 14 ₧, & 1 ₧ eft egale à 3
pour B H; les mefmes tirez de B G 7, il refteront 4 pour H G; & par la
quarante-huitiefme propofition fera A H, ou H F 5 pour le demi-diametre, & 10 pour D E tout le diametre.

Autrement : mais feulement quand l'angle A H F eft vn reĉtan-
gle. Prenez la moytié de 50 qui font 25, defquels tirez γ, & fera 5 pour
A H le demi-diametre, ou pofez pour A H 1 ₧, H F fera auffi 1 ₧, &
leurs quadrats enfemble font 2 q, qui font egaux à 50, le quadrat de
γ 50, & 1 q fera 25, & 1 ₧ fera egale à 5.

118.   Plus, il y a   part d'vn cercle, duquel C fait le centre, & de A

fur B C vient vne ligne perpendiculaire en D, en forte que B D fait 4. La demande eft, combien foit le diametre A C auec B C ? Refponce : Pofez pour D C 1 ℞, A C fera 1 ℞ + 4, lefquels multipliez en foy, & en viendront 1 q + 8 ℞ + 16, egaux à 2 q, qui eft le quadrat de A D & D C, & en viendra 1 ℞ egale à 4 + γ 32 pour D C, lefquels adiouftez auec D B, & il fera 8 + γ 32 pour B C, lefquels doublez, & en viendra 16 + γ 128 pour tout le diametre.

119. Plus, il y a vn triangle equilateral, en iceluy font faicts fix cercles d'vne grãdeur, fi prés l'vn de l'autre que faire fe peut, & chacun diametre d'eux fait 4. La demande eft combien eft vn cofté dudit triangle ? Refponce : Par la quarante-neufié-me propofition la perpendicu-laire O X fera γ 48, defquels $\frac{2}{3}$ fait γ $\frac{48}{9}$ de B au centre C, & A C fera 2 + γ $\frac{48}{9}$. Adonc comme

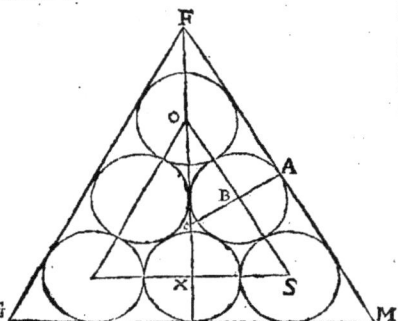

B O a proportion auec B O, ainfi a A C auec A F : pource dites fi B C donne B O, combien donnera A C ? qui fait 4 + γ 12 pour A F, lefquels doublez, & ils feront 8 + γ 48 pour chacun cofté dudit trian-gle G M F.

120. Item, pour faire le contraire, prenez qu'vn cofté dudit trian-gle foit 8 + γ 48, pour fçauoir combien eft chacun diametre defdits 6 cercles, fçachez que le cofté du triangle a proportion auec chacun diametre, comme 2 + γ 3 auec 1 ; pource dites 2 + γ 3 font 1, combien font 8 + γ 48 ? diuifez les 8 + γ 48 par 2 + γ 3, c'eft à dire, multipliez les 8 + γ 48 auec le refidu des 2 + γ 3, & en viendront 4 pour chacun diametre.

121. Plus, il y a deux lignes A B & B D mifes à rectangles en B, & de A eft tiree vne autre ligne fur B D en C ; tellement que C D fait 30, & C B 60. En apres eft tiree vne autre li-gne de D fur A B en E ; en forte que A E fait 20, & E B 60. La demande eft, combien foit E G, G D, C G, G A chacun pour foy ? Ref-ponce : Cherchez par la quarante-huitiefme propofition A C qui

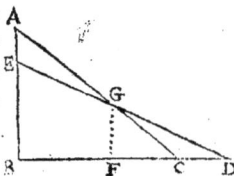

fait 100, & $\sqrt{}$ 11700 pour E D, & pour C G pofez 1 ℞, A G fera 100 —
1 ℞, & puis diuifez B D par C D, & en viendront 3. En apres multipliez
G A par E B, & en viendront 6000 — 60 ℞. Encore multipliez C G,
qui eft 1 ℞ par A E qui eft 20, & en viendront 20 ℞, par lefquels diuifez 6000 — 60 ℞, & en viendront $\dfrac{6000 - 60\ ℞}{20\ ℞}$ egaux à 3, ou 120 ℞
egales à 6000, & 1 ℞ egale à 50 pour C G, lefquels tirez de 100, & refteront 50 pour G A : & ainfi fe trouuent les autres deux lignes, & en
viendront $\sqrt{}$ 1300 pour E G, & $\sqrt{}$ 5200 pour G D : & pource que A C
fait 100, & C G 50, il faut que G A faffe auffi 50, & la perpendiculaire
G F diuifera la ligne C B en deux parties egales, pourtant B F fera 30,
F C 30, F G 40, & ainfi fe trouuent les lignes C G, G A, E G, G D, fi
bien quand l'angle B eft droict que non droict.

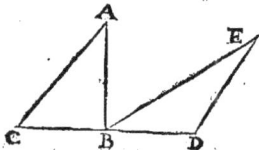

122.   Plus, il y a vne ligne D C diuifee en
deux parties egales en B, defquelles chacune
fait 6, fur laquelle eft fait vn triangle A B C
rectangle en B, duquel A B fait 8, & A C 10,
& fon aire fait 24 ; & puis apres s'encline le
poinct A vers la bafe ; en forte que toute
l'aire ne tient plus que 20, comme l'angle B D E demonftre, & le cofté B D eft egal à B C, & D E eft egal à B A. La demande eft, combien eft la ligne B E ? Refponce : Pofez pour E B 1 ℞, & puis adiouftez les 3 coftez enfemble, qui feront 14 + 1 ℞, defquels prenez la
moytié qui font 7 + ½ ℞ ; des mefmes tirez chacun cofté, & en reftera
1 + ½ ℞, ½ ℞ — 1, & 7 — ½ ℞, & puis multipliez 1 + ½ ℞ par ½ ℞ — 1, & il en
viendra ¼ q — 1. Encore multipliez 7 + ½ ℞ par 7 — ½ ℞, & en viendront 49 — ¼ q, lefquels multipliez par ¼ q — 1, & en viendront 12 ½ q —
1/16 qq — 49 : des mefmes prenez $\sqrt{}$, & fera $\sqrt{}$ 12 ½ q — 1/16 qq — 49, egaux à
20, ou 12 ½ q — 1/16 qq — 49, egaux à 400, quadrat de 20, adiouftez
les 49 auec 400, & feront 449 : ainfi feront
12 ½ q — 1/16 qq egaux à 449, & 1 qq fera egal
à 200 q — 7184, & 1 q fera egal à 100 + $\sqrt{}$ 2816,
& 1 ℞ fera egale à v. $\sqrt{}$ 100 + $\sqrt{}$ 2816, qui eft
bien prés de 12 ½ pour B E.

123.   Plus, il y a vn quadrat A B C D de chacun cofté 8, dedans luy eft fait vn triangle
equilateral au plus grand que faire fe peut.
La demande eft, combien foit le cofté ? Refponce.

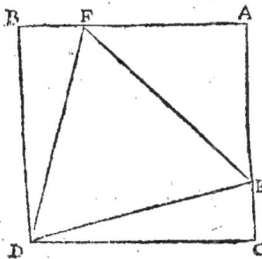

ſponce: Poſez que B F ſoit 1 ℞, A F fera 8 — 1 ℞, & le quadrat F B
auec le quadrat B D fera 1 q + 64, deſquels tirez γ, & en viendra γ 1 q
+ 64 pour F D, ou le coſté dudit triangle. En apres adiouſtez le quadrat A F auec le quadrat A E, & du produit tirez γ, & en viendra 128
— 32 ℞ + 2 q, egaux à 1 q + 64, & 1 ℞ eſt egale à 16 — γ 192 pour F B: &
puis par la quarante-huitieſme propoſition il fera v. γ 512 — γ 196608
pour vn coſté dudit triangle, qui eſt bien prés de 8 $\frac{5}{7}$.

124. Plus, il y a vne ligne droiĉte B C,
ſur laquelle eſt fait la quatrieſme partie
d'vn cercle, duquel le demi-diametre C
H ou A C fait 75, & de A eſt tirce vne
ligne en B, tranchant la circonference
en F, & de F eſt tiree vne parallele à B C,
laquelle eſt F G ; tellement que A G fait
54, & G C 21. La demande eſt, combien ſoit H B? Reſponce : Tirez
vne perpendiculaire de F en E, & adiouſtez G C auec A C, & en viendront 96, leſquels multipliez par 54, & en viendront 5184, deſquels tirez γ, & en viendront 72 pour G F. Adonc comme A G a proportion
auec F G, ainſi a A C auec C B, & en viendront 100 pour B C, deſquels tirez F G, & reſtera 28 pour E B; en apres tirez C E de C H, &
reſteront 3 pour H E, & auſſi prenez C H de C B, & en reſteront 25
pour H B.

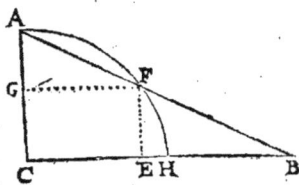

125. Itē, poſez que A B ſoit 125, & B H 25, cōbien fera le demi-diametre du cercle? Poſez qu'il ſoit 1 ℞, & C B fera 1 ℞ + 25, & puis adiouſtez
le quadrat A C auec le quadrat C B, & en viendront 2 q + 50 ℞ + 625
egaux à 15625, & 1 ℞ fait 75 pour A C le demi-diametre.

126. Plus, il y a vn triangle A B C reĉtangle en B,
duquel A B fait 8, B C 6 : dedans luy eſt fait le plus
grand demi-cercle que faire ſe peut. La demande
eſt, combien fera le diametre? Reſponce : La raiſon requiert que le diametre vienne en la ligne
diagonale, & qu'il fera deux fois autant que le coſté du plus grand quadrat qui ſe peut faire dedans
ledit triangle, qui fait par la 72. prop. 6 $\frac{5}{7}$.

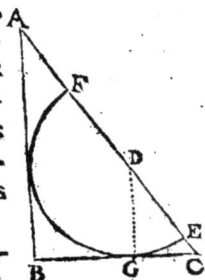

127. Il y a vn triangle reĉtangle, duquel l'hypo-
thenuſe A C fait 10, ſur lequel eſt fait vn demi-cer-
cle, qui a le diametre de 6 $\frac{2}{5}$, qui eſt E F, & la circonference touche la
baſe & cathete, & E C fait $\frac{2}{5}$. La demande eſt, cōbien ſoit A B & B C?

E

Refponce: Adiouftez $\frac{6}{7}$ auec $3\frac{3}{7}$, qui eft le demi-diametre, & il en viendra $4\frac{2}{7}$, & puis dites, fi $4\frac{2}{7}$ donnent $3\frac{3}{7}$, qui eft D G, combien donnera A C qui eft 10, il en viendra 8 pour A B. En apres tirez le quadrat A B du quadrat A C, & du refte tirez √, & en viendra 6 pour B C.

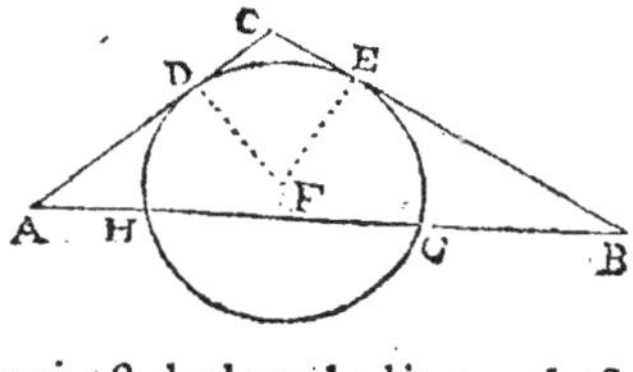

123. Plus, il y a vn triangle A B C obtus-angle, duquel le cofté A C auec le cofté B C fait 46, fur lefquelles deux lignes couche vn cercle, qui touche en D & E, & la tierce ligne A B paffe par le cercle; tellement que la ligne G H qui eft dedans ledit cercle fait 11, & G B fait 21, & A H fait 5. La demande eft, combien eft B C & A C chacun pour foy? Refponce: Pofez que B E foit 1℞, & fon quadrat fera 1 q, qui eft egal à 672, lefquels font venus de B H en B G, & √672 fera B E: & pareillement multipliez A G par A H, il en viendra 80, egaux à 1 q, & A D fera √80. Lefdits deux produits adiouftez enfemble, feront √672 + √80, lefquels tirez de 46, & en refteront 46 — L. √672 + √80 pour D C & C E, & la moytié de cefte fomme fera 23 — L. √168 + √20 pour D C ou C E, lefquels adiouftez auec A D √80, & en viendront 23 + √20 — √168 pour A C; & puis adiouftez 23 — L. √168 + √20, auec √672, & en viendront 23 + 168 — √20 pour B C.

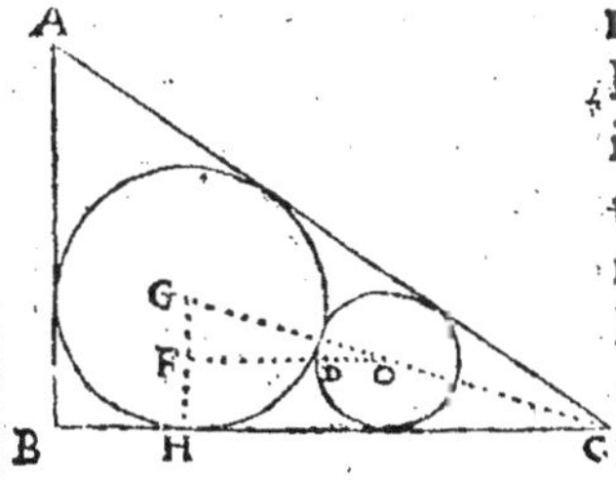

129. Plus, il y a vn triangle rectangle A B C, duquel A B fait 6, & B C 8, dedans iceluy font faicts deux cercles inegaux, de telle forte que la plus grande circonference touche les 3 coftez dudit triangle, & la moindre circonference touche la bafe & l'hypothenufe, & la plus grande circonference. La demande eft, combien eft chacun diametre? Refponce: Les 3 coftez dudit triangle font enfemble 24, & l'aire par la cinquante-vniefme propofition fait 24. Pofez pour le plus grand demi-diametre 1℞, le mefme multipliez auec la moytié des 3 coftez, qui font 12, & en viendront 12 ℞ egales à 24, & 1℞ eft egale à 2, & pour le plus grand diametre il en viennent 4. En apres pofez que le moindre demi-diametre O D foit 1℞, F G fera 2 — 1℞, & O G fera 1℞ + 2. Adonc comme G H a proportion auec H C, ainfi a G F auec F O, en difant 2

font 6 (car B C fait 8, & B H fait 2) combien feront 2 — 1 ℞? qui fait 6 — 3 ℞ pour F O, lesquels multipliez en soy, & adioustez le produit auec le quadrat F G, & en viendront 40 — 40 ℞ + 10 q, egaux à 4 + 4 ℞ + 1 q, & 44 ℞ egales à 9 q + 36, & 1 q + 4, egaux à $4\frac{8}{9}$ ℞, & 1 ℞ est egale à $2\frac{4}{9} - \sqrt{1\frac{79}{81}}$ pour O D, & $4\frac{8}{9} - \sqrt{4\frac{71}{81}}$ pour le moindre diametre.

130. Plus, il y a vn triangle ambligone A B C, duquel la perpendiculaire A D fait 4, & B C fait 12, & A C a proportion double à A B. La demande est, combien est A B & A C? Responce: Multipliez la moytié de B C en A D, & en viendront 24 pour l'aire A B C. En apres posez 1 ℞ pour A B, & A C sera donc 2 ℞, & puis par la cinquante-vniesme proposition vous trouuerez 160 q — 2304 — 1 qq, egaux à 1024, & 1 ℞ est egale à v. $\sqrt{80} - \sqrt{3072}$ pour A B, & v. $\sqrt{320} - \sqrt{49152}$ pour A C.

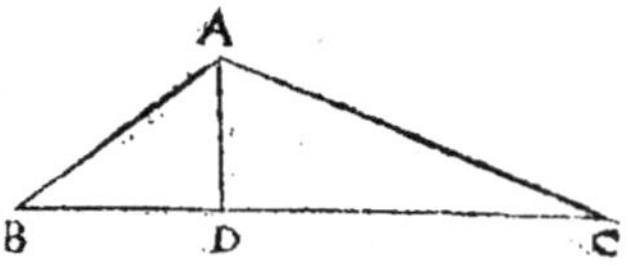

131. Il y a vn triangle A B C, duquel A C a proportion sesquialtere à A B: & si on tire de chacun quadrat 35, la √ des deux restes fera ensemble 13. La demande est, combien est chacun costé? Responce: Posez pour B D 1 ℞, D C fera 13 — 1 ℞, & les deux quadrats feront 1 q, & 169 — 26 ℞ + 1 q, à chacun desquels adioustez 36, & en viendront 1 q + 36, & 205 — 26 ℞ + 1 q, desquels tirez la √, & en viendront $\sqrt{1 q + 36}$, & $\sqrt{205 - 26 ℞ + 1 q}$, lesquels multipliez par deux nõbres qui soient en proportion sesquialtere, qui est 2 & 3, ou $\sqrt{4}$ & $\sqrt{9}$, à sçauoir le moindre par le maieur, & le maieur par le moindre, & en viendront $\sqrt{9 q + 324}$, egaux à $\sqrt{820 - 104 ℞ + 4 q}$, ou 5 q + 104 ℞, egales à 496, & 1 ℞ est egale à 4 pour B D, lesquels tirez de 13, & resteront 9 pour D C, & leurs deux quadrats font 16 & 81, lesquels deux parties adioustez chacune auec 36, & en viendront 52 & 117, desquels tirez √, & en feront $\sqrt{52}$ & $\sqrt{117}$, pour les deux nombres proposez.

132. Plus, il y a vn triangle obtus-angle, comme le precedent, duquel le costé D C fait 3 fois autant que B D, & A D fait $2\frac{2}{5}$ fois autant que B D, & A D fait 8 moins que B C, & le quadrat A B auec la ligne A B fait 182. La demande est, combien est chacune ligne? Responce: Posez pour A B 1 ℞, & son quadrat fera 1 q, lesquels adioustez ensemble, & ils feront 1 q + 1 ℞, egale à 182, & 1 ℞ fait 13. En apres posez pour B D 1 ℞, & adioustez le quadrat B D auec le quadrat A D, & il en viendra $6\frac{19}{25}$ q, egaux à 169, qui est le quadrat de A B: car si B D fait

1 ℞, BC fera 2 ½ ℞, & 1 q fera egale à $\sqrt{}$ 25, & 1 ℞ fera egale à 5 pour BD, & DC fera 3 fois autant, qui est 15, & BC fera 20, & AD 12, & AC fera $\sqrt{}$ 369.

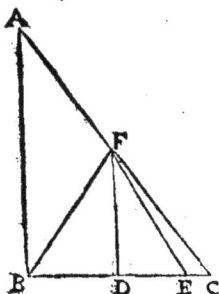

133. Plus, il y a vn triangle ABC rectangle en B, duquel l'aire fait 104, & AC fait $\sqrt{}$ 425, dedans iceluy est fait sur la base BC le plus grand triangle equilateral que faire se peut. La demande est, combien soit le costé dudit triangle equilateral? Responce: Cherchez par la quarante-huitiesme proposition le costé BC en mettant 1 ℞ pour AB, duquel la moytié fait ½ ℞. Par le mesme diuisez l'aire, & en viendront $\frac{104}{\frac{1}{2}℞}$

lesquels multipliez en soy, & en viendront $\frac{10816}{\frac{1}{4}q}$, lesquels adioustez auec le quadrat AB, & en viendra $1 q + \frac{10816}{\frac{1}{4}q}$ egaux à 425, & 1 ℞ est egale à 16 pour AB. En apres diuisez 104 par la moytié de AB, & en viendront 13 pour BC; adonc sçachez que BE, le costé du triangle a proportion auec DF la perpendiculaire, comme 2 auec $\sqrt{}$ 3, ou ED le demy costé a proportion auec le cathete DF, comme 1 à $\sqrt{}$ 3. Pource mettez que ED soit 1 ℞, EC fera 13 − 2 ℞ : car si ED fait 1 ℞, DB fera aussi 1 ℞. Dites donc si 13 − 1 ℞ font $\sqrt{}$ 3 q, combien feront 13? fait $\frac{\sqrt{}507\ q}{13 - 1℞}$ egale à 16, & 1 ℞ est egale à $\sqrt{}$ 348 $\frac{10500}{23001}$ − 13 $\frac{45}{71}$ pour DE, qui est vn demy costé dudit triangle equilateral.

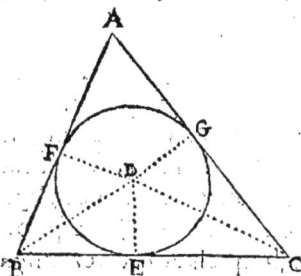

134. Plus, il y a vn triangle ABC, duquel la base BC fait 14, & dedans ledit triangle est fait vn cercle, duquel le demy-diametre DE fait 4, & de B iusques en E, où la circonference touche la ligne est 6. La demande est, combien soit AC, & AB chacun pour soy? Responce: La circonference touche les trois costez en E, F, G: & puis posez 1 ℞ pour AF, AG fera donc aussi 1 ℞, & EC fera 8, autant fait aussi GC, & BF fait 6, qui est autant que BE; ainsi sont trouuez tous les 3 costez, qui sont ensemble 2 ℞ + 28, lesquels multipliez par 2, qui est le ¼ du dia-

metre, & en viendront 4 ℞ + 56 pour toute l'aire; laquelle cherchez
encore par vne autre maniere de la cinquante-vnieſme propoſition,
& en viendra √ 48 q + 672 ℞, egales à 4 ℞ + 56, & 1 ℞ eſt egale à 7
pour A F, leſquels adiouſtez auec F B, & en viendra 13 pour A B: &
puis adiouſtez auſſi 7 auec G C, qui eſt 8, & en viendront 15 pour
A C.

135. Plus, il y a vn triangle oxigone, duquel le coſté A B fait 15,
B C 14, A C 13, lequel eſt enclos en
vn cercle. La demande eſt, combien ſoit le diametre du cercle?
Reſponce : Cherchez premierement la perpendiculaire A D, par
la cinquante-cinquieſme propoſition qui fera 12, & D C fera 5, & D B
9. En apres poſez pour F G 1 ℞, qui
multipliez en ſoy, & en viendra
1 q, lequel adiouſtez auec le quadrat de B G qui fait 49, & en viendra
1 q + 49, deſquels tirez γ, & en viendra γ 1 q + 49 pour le demi-diametre: au meſme adiouſtez G D, & de luy tirez G D qui ſont 2, & en
viendront 2 + γ 1 q + 49 pour l'vn, & γ 1 q + 49 — 2 pour l'autre produit, leſquels multipliez l'vn par l'autre, & en viẽdra 1 q + 45 egaux au
quadrat de A E qui eſt 144 — 24 ℞ + 1 q. Car ſi F G fait 1 ℞, le coſté
E D fera auſſi 1 ℞, & A D fait 12, pour ce A E fera 12 — 1 ℞, & 1 ℞ ſera
egale à 4 ⅛, leſquels multipliez en ſoy, & adiouſtez le produit auec le
quadrat de B G, & du produit tirez γ, & en viendra 8 ⅛ pour le demi-
diametre, & 16 ¼ pour H I, qui eſt tout le diametre.

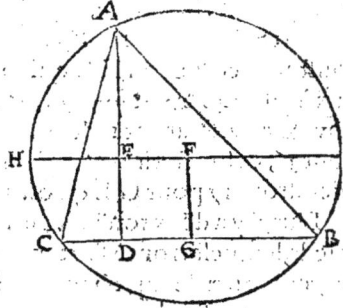

136. Plus, il y a vne plaine, ſur laquelle
il y a deux arbres, l'vn en D & l'autre
en C, & l'vn eſt 24 coudees diſtant
de l'autre, & l'arbre A D eſt haut de
25 coudees, & C G eſt haut 21 coudees, & leſdits deux arbres ſont rom-
pus, à ſçauoir A D en E; tellement
que D E fait 5 coudees, & C G eſt
rompu en H; en ſorte que C H fait 11 coudees, & les deux pointes A
& G ſont tombees enſemble. La demande eſt, combien ſoit la perpendiculaire tombante de A ou G ſur la baſe qui eſt en L? Reſpon-

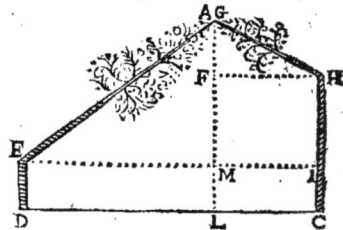

ce : Pofez pour I M ou C L 1 ℞, autant fera auffi F H, & M E fera 24
— 1 ℞, lefquels multipliez en foy, & en viendront 576 — 48 ℞ + 1 q,
lefquels tirez du quadrat A E qui eft 400, & en refterõt 48 ℞ — 1 q —
176: des mefmes prenez ᴠ, & en viendra ᴠ 48 — 1 q — 176 pour la perpendiculaire A M, lefquels adiouftez auec M L, qui eft 5, & en viendra 5 + ᴠ 48 ℞ — 1 q — 176 pour A L. En apres multipliez M I ou F
H en foy, & en viendra 1 q, lequel tirez du quadrat de H G, & en reftera 100 — 1 q, defquels tirez ᴠ, & en fera ᴠ 100 — 1 q pour G F, lefquels
adiouftez auec F L, ou H C qui font 11, & en feront 11 + ᴠ 100 — 1 q,
egaux à 5 + ᴠ 48 ℞ — 1 q — 175, & 1 ℞ eft egale à 8, lequel multipliez
en foy, & en viendront 16; les mefmes tirez du quadrat de G H, & refteront 36, defquels tirez ᴠ, qui font 6, lefquels adiouftez auec F L, &
en viendront 17 pour G L qu'on a demandé.

137.   Plus, il y a deux rouës, l'vne de 7 pieds de haut, & l'autre de quatre pieds, lefquelles ont à faire vne diftance de 3000 pieds. La demande eft, combien de fois chacune fe tournera pour aller ladite diftance ? Refponce : Par la 75. prop. ou trouue que les deux circonferen-
ces font 22 & 12 $\frac{4}{7}$: & puis diuifez 3000 par 12 $\frac{4}{7}$, & en viendrõt 238 $\frac{7}{11}$,
autant de fois fe tourne la moindre rouë. En apres diuifez auffi 3000
par 22, & il en viendra 136 $\frac{4}{11}$, autant de fois fe tourne la plus grande
rouë.

138.   Plus, il y a deux rouës, comme fufdit eft, & la moindre fe tourne 42 fois. La demande eft, combien de fois la plus grande fe tournera pour aller fi loin que l'autre a fait en 42 tours ? Refponce : Multipliez 42 par 12 $\frac{4}{7}$, & il en viendra 528, lefquels diuifez par 22, & ils produiront 24, autant de fois doit tourner la plus grande rouë.

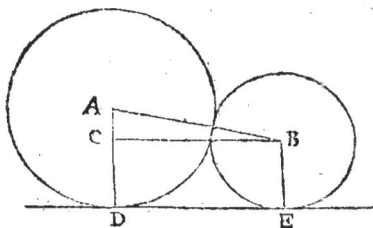

139.   Item, il y a deux cercles fur
vne ligne, defquels les circonferences touchent l'vne à l'autre, &
le plus grand diametre fait 7, le
moindre diametre fait 4 pieds. La
demande eft, combien la diftance
eft de leurs touchemens fur la ligne, àfçauoir de D en E ? Refponce : Tirez vne ligne du plus grand
centre, qui eft A au moindre centre B qu'elle fera 5 $\frac{1}{2}$, le mefme quadrat fera 30 $\frac{1}{4}$, & de A fur la ligne D perpendiculairement font 3 $\frac{1}{2}$, &
de B fur la ligne en E rectangulairement font 2 : les mefmes tirez de

3¼, il reſtera 1½ pour la difference des deux demi-diametres, qui eſt AC, le meſme quadrat fait 2¼, leſquels tirez de 30¼, il reſteront 28; des meſmes tirez racine quarree, il en viendra bien prés 5 ⁷⁄₁₀ pour la diſtance de D E.

140. Plus, il y a deux roües, comme ſuſdit eſt, leſquelles ont eſté 3000 coudees diſtantes l'vne de l'autre ſur la baſe, leſquelles ſont tournees l'vne vers l'autre, en commençant l'vne auec l'autre : & ſi toſt que l'vne a fait vn tour, l'autre fait auſſi vn tour. La demande eſt, combien chacune roüe a fait de diſtance, iuſques à ce qu'elles ſoient venuës à ſe rencontrer ? Reſponce : Par la precedente il eſt trouué, que la diſtance des deux roües ſur la terre eſt 5 ⁷⁄₁₀, quand leurs circonferences ſe touchẽt. Les meſmes tirez de 3000, & il reſteront 2994 ⁷⁄₁₀. Plus, adiouſtez 22 & 12 ⁴⁄₇ enſemble, qui font 34 ⁴⁄₇, & dites, 34 ⁴⁄₇ font 2994 ⁷⁄₁₀, cõbien feront 12 ⁴⁄₇ ? facit 1088 ²²⁴⁄₆₀₇ pour le voyage de la moindre roüe : les meſmes tirez de 2994 ⁷⁄₁₀, & il reſteront 1905 ¹⁸⁶³⁄₁₀ pour la plus grande roüe.

141. Plus, il y a deux roües, deſquelles la moindre a 5 aulnes en circerence, & l'autre 7 aulnes, & l'vne fait tourner l'autre. La demande eſt, combien de fois la plus grande roüe ſe doit tourner, iuſques à ce qu'elles reuiennent enſemble, comme premierement ont eſté ? Reſponce : Diuiſez 7 par 5, & il viendra 1 ⅖, autant de fois ſe tourne la moindre roüe, quand l'autre ſe tourne vne fois : adonc ſe trouuentelles comme premierement ont eſté. Et quand la plus grande ſe tourne 5 fois, & l'autre 7 fois, adoncques elles ſe trouuent auſſi comme premierement ont eſté.

142. Plus, il y a vne tour A B haute de 60 aulnes, & vn batteleur eſtend vne corde de A ſur l'horizon en C, laquelle eſt longue 100 aulnes, & la diſtance de C, iuſques aupres la tour en B eſt 80 aulnes. Or quand ledit batteleur eſt volé de A 50 aulnes, qui eſt la moytié de la corde, il trouue que la ſuperieure moytié eſt eſloignee par la peſanteur de 4 aulnes, & la moytié de la corde d'en bas eſt eſloignee de 2 aulnes : ainſi il ſe tient en D, & la diſtance A D fait 54 aulnes, & la longueur D C fait 52 aulnes. La demande eſt, combien il y ait de D droictement en bas à terre? Reſpon-

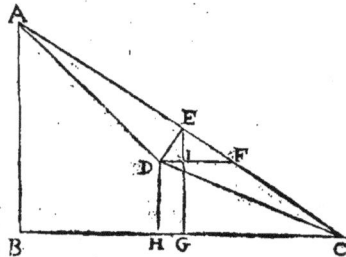

ce: Toute l'aire du triangle A B C fait par la cinquante-vniefme propofition 2400, & par la cinquante-cinquiefme C E fait 48 $\frac{47}{70}$.

Plus, comme C A a proportion auec A B, ainfi a C E auec E G. Dites, 100 font 60, combien font 48 $\frac{47}{70}$? facit 29 $\frac{21}{70}$ pour E G. Plus, tirez vne ligne D F parallele auec B C, l'angle B C A eft egal à l'angle E F D, pource comme A B a proportion auec B C, ainfi aura D E auec E F, & par la quarante-huitiefme propofition fait D E bien prés de 17 $\frac{2}{7}$: & pource que l'angle B C A eft egale à l'angle E F D, l'angle F D E fera egale à l'angle C A B: & pource que l'angle D I E eft vn rectangle, il faut que l'angle D E I foit egale à l'angle A C B. Pource dites, A C 100 fait B C 80, combien font D E 17 $\frac{2}{7}$? facit 14 $\frac{2}{7}$ pour E I; les mefmes tirez de E G 29 $\frac{21}{70}$, & il en refteront 15 $\frac{71}{150}$ aulnes pour I G ou D H qu'on a cherché.

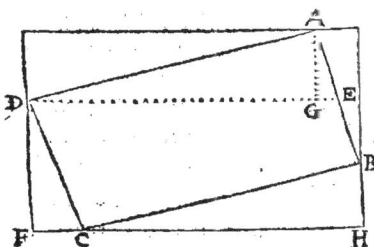

143. Plus, il y a vn corps quadrangle à rectangles, lequel contient 150 pots d'eau, duquel la longueur eft 10, la hauteur 4, & fon efpefteur 3. La demande eft, combien haut il doit eftre efteué d'vn cofté pour efpandre vne telle partie que le refte qui demeure encore dedans foit 100, fçachant que la largeur dudit corps foit parallele auec l'horizon? Refponce: Pofez que A B C D foit le corps efteué, & la partie A E D foit vuide, & la partie E B C D contienne 100 pots, multipliez la hauteur A B, à fçauoir 4 auec A D 10 la longueur du corps, il en viendront 40; les mefmes multipliez encore par 3 la largeur, & il en viendront 120 pour toute la grandeur de tout le corps. Et puis dites, 150 pots font 120 de grandeur, combien feront 50 pots qui font vuidez, il en viendront 40 pour la grandeur vuide. Plus, pofez que la liqueur vienne de B en E, & pour A E pofez 1 æ; le mefme multipliez auec la moytié de A D qui font 5, & fera 5 æ; les mefmes multipliez encore par 3, la largeur, & feront 15 æ egales à 40, la grandeur vuide, facit 1 æ egale à 2 $\frac{2}{3}$ pour A E. Plus, cherchez l'aire du triangle A E D par la cinquante-vniefme propofition, qui fait 13 $\frac{1}{3}$: Auffi cherchez D E par la quarante-huitiefme qui fait γ 107 $\frac{1}{3}$. Maintenant diuifez 13 $\frac{1}{3}$ auec la moytié de γ 107 $\frac{1}{3}$, il en viendront γ 6 $\frac{124}{141}$ pour la perpendiculaire A G ou B H pour la hauteur efteuee dudit corps.

144. Plus,

144. Plus, il y a vn corps colomnaire, duquel le diametre fait 7 pieds, & la hauteur fait 5 pieds, & il peut en tout contenir 500 pots de liqueur, mais il n'y a que deux cens pots dedans, & vn corps cube, qui est entierement caché dedans ladite liqueur, & il fait monter la liqueur $\frac{16}{77}$ pieds plus haut. La demande est, combien grand est le costé dudit cube? Responce: Dites par la regle de trois, si 500 donnent 5, combien donneront 200 : il en viendront 2 pour la hauteur de la liqueur sans le cube ; auec les mesmes adioustez $\frac{16}{77}$, lequel le cube esleue, & feront 2 $\frac{16}{77}$. Et puis mettez que le costé dudit cube soit 1 ᴂ, lequel multipliez en soy cubiquemẽt, & en viendra 1 ᴔ. Plus, si le diametre fait 7, l'aire de ladite circonference fera 38 $\frac{1}{2}$; les mesmes multipliez par 2 la hauteur, quand le cube n'est point dedans, & en viendront 77 pour la grandeur, & quand le cube est dedans, la hauteur de la liqueur est 2 $\frac{16}{77}$: les mesmes multipliez auec l'aire 38 $\frac{1}{2}$, & en viendront 85; des mesmes tirez la grandeur du cube, qui est 1 ᴔ, & restera 85 — 1 ᴔ, egaux à 77, facit 1 ᴂ egale à 2 pour le costé dudit cube.

145. Item, il y a vn corps colomnaire d'vne egale grandeur, duquel le diametre dedans fait 7, & par dedans il est haut en tout 5, & peut contenir en tout 500 pots de liqueur : mais il n'y a dedans que 200 pots, & comprend 2 de hauteur, & puis il y a vn cube de chacun costé 4 qu'on y met dedans. La demande est, combien la liqueur se leuera dedans le corps? Responce: Posez pour la hauteur, quand le cube est dedans 1 ᴂ, le mesme multipliez auec 38 $\frac{1}{2}$ l'aire de la circonference, & fera 38 $\frac{1}{2}$ ᴂ. Plus, multipliez 4 le costé du cube en soy, & en viendront 16; les mesmes multipliez encore auec 1 ᴂ, & fera 16 ᴂ pour la grandeur du cube qui se cache dedans la liqueur; les mesmes tirez de 38 $\frac{1}{2}$ ᴂ, & il en resteront 22 $\frac{1}{2}$ ᴂ. Plus, multipliez l'aire de la circonference, qui est 38 $\frac{1}{2}$ auec 2 la hauteur, & feront 77, egaux à 22 $\frac{1}{2}$ ᴂ, facit 1 ᴂ egale à 2 $\frac{4}{9}$ pour la hauteur de la liqueur quand le cube est dedans.

146. Item, il y a vn corps colomnaire d'vne egale grandeur, duquel le diametre de par dedans fait 7, & la hauteur 5, & il peut en tout contenir 500 pots de liqueur : mais il n'est point tout plein, c'est à dire, qu'il ne contient que 233 $\frac{12}{77}$ pots, & puis il y a vn cube de telle grandeur, quand on le met dedans la liqueur, la hauteur de la liqueur fait iustement autant qu'vn costé dudit cube. La demande est, combien soit chacun costé dudit cube? Responce: Posez la hauteur du cube soit 1 ᴂ, sa grandeur sera 1 ᴔ, & si on multiplie 38 $\frac{1}{2}$ l'aire de la circonferẽce, auec 1 ᴂ, il y en vient 38 $\frac{1}{2}$ ᴂ; des mesmes tirez 1 ᴔ, & fera 38 $\frac{1}{2}$ ᴂ

Q

—1 c. Plus, multipliez 38 ½ l'aire, par la hauteur, & en viendront 192 ½ pour la grandeur de tout le corps colomnaire. Dites, 500 pots ont 192 ½ de grandeur, combien ont 233 $\frac{59}{77}$ pots de grandeur? facit 90, qui font egaux à 38 ½ 2e. —1 c, & 1 2e est egale à 4 pour chacun costé dudit cube.

147. Vn Iaugeur est appellé pour jauger vn tonneau de vin, auquel premierement le seruiteur presente à boire, le Iaugeur dit : ce verre m'est trop grand, mais ie boiray la moytié à vous. Le seruiteur dit, comme sçaura-on si en auez beu la moytié? Le maistre luy respond, disant : que si le verre est au fond aussi grand qu'il est en haut, c'est à dire qu'il soit de la forme d'vne colomne qu'il boiue iusques à ce qu'il voye le fond au plus haut, & lors aura beu la moytié. Responce du seruiteur : Ha, ha, il y a long-temps que i'ay sçeu cela, mais vous qui estes Maistre en cest art, monstrez-moy vne autre maniere plus artificieuse. Responce du Maistre : Ouy dea, mais ie pense que ne le sçauriez si tost entendre, principalement si vous beuuez beaucoup : neantmoins prenez le diametre du verre, qui soit pour exemple 7 pouces, & la hauteur du verre soit 12 pouces, & puis adioustez le quadrat de 7 auec le quadrat de 12, & du produit tirez V, & en viendront V 193, lesquels multipliez auec ¼ q, & en viendra V 48 ¼ q, egaux à 42, qui viennent de la multiplication du diametre 7 auec 6, la moytié de la longueur du verre ; les mesmes multipliez en soy, & le produit diuisez par 48 ¼, & en viendront 36 $\frac{108}{193}$, desquels tirez V, & en viendra presques 6 pouces, pour autant esleuez le verre auprès la bouche plus haut qu'auprès du pied, & cela qui demeurera dans le verre sera l'autre moytié. Responce du seruiteur : Cela passe certe mon entendement, mais ie l'aimerois mieux boire trois fois de haut, que l'ouyr encore vne fois raconter : car ie n'entends pas ce que vous dites ; & pource ne perdons plus temps, beuuez le tout de haut, & changeons propos. Le Maistre dit : Pour la premiere fois ie ne le vous puis refuser. A vous donc tout de haut. En apres pour cognoistre quand il est le ¼ de haut, prenez le ¼ de 12 la hauteur qui sont 3 ; les mesmes doublez, & feront 6 pouces, qu'il faut boire du haut en bas. Et pour sçauoir quand il est le ⅓, prenez le ⅓ de 12 la hauteur qui sont 4 ; les mesmes doublez, & feront 8 pouces d'en haut en bas, pour estre le ⅓. Et pour auoir la moytié, prenez la moytié de 12 la hauteur, qui sont 6 ; les mesmes doublez, & font 12 pour la longueur du plus haut iusques au fond, &c.

Or touchant les queſtions enſuiuâtes, qui ſe ſoudent par le moyen & aide des tables des Sinus, conuiët ſçauoir premierement la practique des triangles, tant ſphericques que plains, lequel trouuerez aſſez amplement deduit chez Monterege & Copernicus. Valentin en a recueilly ſemblablement quelque petit traicté, toutesfois (ſous meilleur aduis) point aſſez pour ſeruir de fondement, d'autant que le principe des triangles ſphericques n'y eſt demonſtré. A quoy ſubuenir auons adjouſté ce Theoreme ſubſequent, lequel n'eſt pas ſeulement le principal des triangles ſpheriques: ains bien vne propoſition la plus requiſe & neceſſaire en tout ce faict. Et pour la bien & clairement expliquer, auons commencé ce poinct vn peu plus de ſon commencement, demonſtrant la proprieté des triangles ſphericques, enſemble pluſieurs autres diuerſitez dépendantes d'iceux.

Les trois circonferences, ou arcs des cercles majeurs de toute Sphere, (deſquels les deux pris enſemble font plus que le troiſieſme: auſſi que chacun ſoit moins qu'vn ſemi-cercle) conſtituent enſemble vn triangle ſphericque. Car ce qu'Euclide demonſtre à la vingttroiſieſme de ſon onzieſme des angles ſolides, ſe peut bonnement accommoder aux triangles ſphericques, veu que les arcs dudit triangle par ſuperfices plaines ſe conjoingnent au centre de la Sphere, en faiſant vn angle ſolide.

Item, vn angle droict fait 90 degrez, ou le quart d'vn cercle majeur de ſa Sphere. Or deux arcs font vn angle droict, dont la circonference de l'vn paſſe par les poles de l'autre.

Dont s'enſuit, que l'Equinoctial fait vn angle droict auec le Colure Solſtitial: car l'Equinoctial paſſe par les equinoxes poles dudit Colure Solſtitial: ſemblablement ledit Colure paſſe par les poles du monde, ou de l'Equinoctial, & ainſi de tous autres cercles de la Sphere.

Premier Theoreme.

En tout triangle Sphericque, ayant vn angle droict, le Sinus de l'angle droict ſe tient au ſinus de l'autre angle; tout ainſi que le ſinus de l'arc ſubtendant l'angle droict, au ſinus de l'arc ſubtendant ledit autre angle.

Soit le triangle Sphericque A B C rectangle en C, ie dy que le ſinus de l'angle droict C, ſe tient au ſinus de l'angle A, tout ainſi que le ſinus de l'arc A B, au ſinus de l'arc B C. Premierement du poinct A,

comme du Pole, tirez vne circonference d'vn cercle majeur D E, venant du poinct H, Pole de l'arc A C, laquelle r'allongerez en E, semblablement A B en D, apres du centre de la Sphere F, tirerez lignes
droictes ou semi-diametres iusques en A, en D, en E, & en C. Semblablement mettez B L equ_distante auec F D, & du poinct B aual-
lerez vne perpendiculaire B K, sur la ligne F C, & vne autre D I, sur
la ligne F E. Or à cause que ces deux superfices plaines F H D E, &
F H B C sont à droict angle sur la plaine superfice A F E; ie dy que les
deux lignes B K & D I sont paralleles l'vne à l'autre & perpendiculaires sur ladite superfice pla_ne A F E, par la sixiesme de l'onziesme
d'Euclide.

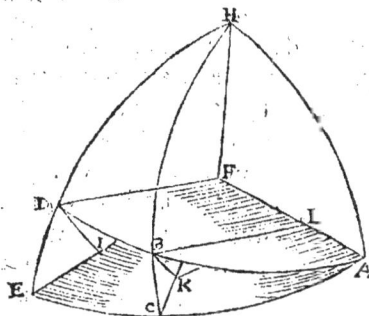

Mais à cause que B L est équi-
distant auec E D, & a rectangle sur
F A, ayant donc tiré la ligne L K;
ie dy que le triangle F D I est semblable au triangle L B K : car l'angle B L K est egal à l'angle D F I,
pour l'inclination du plain A D F,
au plain A E F , & l'angle K est
droict, aussi est l'angle I : dont s'ensuit par la trente-deuxiesme du
premier que l'angle I B K est egal
à l'angle F D I. Les deux triangles L B K & F D I semblables, ont
par la quatriesme du sixiesme les costez proportionnaux, comme
F D à D I, ainsi se tient L B à B K : mais F D est le sinus total de l'angle C droict, & D I le sinus de l'angle A, aussi B L le sinus de l'arc A
B, subtendant l'angle droicts, & B K le sinus de l'arc B C subtendant
l'angle A. Dont il appert que le sinus de l'angle C droict, se tient au
sinus de l'angle A, tout ainsi que le sinus de l'arc A B (subtendant iceluy angle droict C) au sinus de l'arc B C, subtendant l'angle A, lequel
estoit à demonstrer.

Item, Geber demonstre ce susdit Theoreme plus generalement:
disant du precedent triangle A B C, sans considerer l'angle C droict,
que le sinus de l'angle A, se tient au sinus de l'angle B, tout ainsi que le
sinus de l'arc B C au sinus de l'arc A C.

Et touchant les autres proprietez des triangles: comme d'vn triangle, dont les trois angles sont cogneus, pour auoir ses trois costez, ou
bien duquel les trois costez sont donnez, pour auoir ses trois angles:

d'autant qu'on ce present traicté cecy viendra peu souuent en vsage, nous l'auons obmis hors de ce preambule : car tels & semblables accidens expliquez en leur lieu propre.

148. Item, la hauteur du Pole est en Anuers 51½ degrez. Or si le Soleil est au commencement de Cancer, où iceluy a sa plus grande declination de l'Equateur, à sçauoir 23½ degrez : on demande, à quelle heure le Soleil se part du costé Meridionnal, venant au costé Septentrionnal? facit à 4 heures & 39 minutes.

A quoy respondre ferez vn cercle Meridian ACB, & soit l'Equinoctial HGI, l'Horizon AGB, le Pole du monde D, celuy de l'Horizon (qu'on appelle Zenith) C, le cercle Vertical CG, separant le costé Meridiodnal, d'auec le costé Septentrionnal. Le Parallele de Cancer KFL. Le Soleil donc venu de K en F, au cercle Vertical, se part du costé Meridionnal, & vient au costé Septentrionnal. La question donc n'est autre que trouuer l'arc HE.

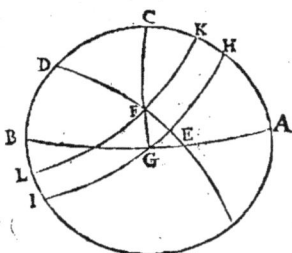

Or pour trouuer cedit arc HE, l'on doit auoir premierement la hauteur du Soleil dessus l'Horizon, à sçauoir l'arc FG : car son complément CF, subtend l'angle HDE, à chercher.

Premierement, ie dy que HC a proportion auec CG, tout ainsi que EF auec FG, (i'entends les sinus desdicts arcs, & non les arcs, lequel l'on doit entendre & observer par tout) & de quatre nombres proportionnaux les trois sont donnez, & par la seiziesme du sixiesme sera cogneu le quatriesme FG.

Secondement, pour auoir l'angle HDE, ou l'arc HE, ie dy que DF a proportion auec CF, tout ainsi que DE, auec HE, à chercher, & des 4 proportionnaux les 3 sont donnez, & rendent par la seiziesme du sixiesme le quatriesme l'arc HE cogneu.

Supputation.

H C	C G	E F
51. 30	90	23. 30
78260 ..	100000 ..	39874

Viennent 50950, dont l'arc fait 30,58, & son complément fera 59,2, pour l'arc CF.

DF	CF	DE
66.30.	59.2.	90
91706 ..	85746 ..	100000

Viennent 93501, duquel l'arc fait 69,15, pour l'arc HE, à chercher; prenant donc 15 degrez pour vne heure, selon la commune sentence des Mathematiciens, il en viendront pour la responce 4 heures 39 minutes & 45 secondes.

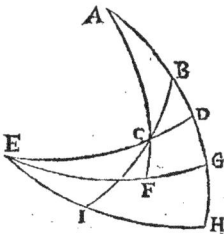

149.   Item, en Anuers est la latitude 51½ degrez & la longitude 20 degrez 16 minutes, & à Kemptem vile en haute Allemagne, où Menher fut né, est la latitude 47 degré 31 minutes, & la longitude 27 degrez 58 minutes: on demande, combien de lieuës d'Allemagne, dont les 15 font vn degré, est la distance d'Anuers à Kempten? facit lieuës 96 pour le droit chemin.

Soit A, le Pole du Monde, GE vn quart du cercle Equinoctial. Item, soit B la ville d'Anuers, & C celle du Kempten, & A B G sera le Meridien d'Anuers & celuy de Kempten ACF. La difference de leurs longitudes sera GF, & la distance de ces deux places sera l'arc BC, lequel nous deuons chercher.

Pour trouuer donc cedit arc BC, l'on doit tirer de C vn arc à droict angle sur AG, lequel passera par E; & de B par E sera tiré vn autre quart de cercle EH, l'arc BG sera r'allongé en H, semblablement BC iusques en I.

Premierement, l'on cherchera CD comme s'ensuit; car AF se tient à FG, difference de leurs longitudes, tout ainsi que AC, complément de la moindre latitude, a l'arc DC, premier trouué.

Secondement, conuient chercher DG, comme s'ensuit; car CE, complément du premier trouué, se tient à CF moindre latitude, tout ainsi que le sinus total ED, à DG second trouué: & puis que GH est le complément de BG, la plus grande latitude, lequel adjoustant auec DG second trouué, rend tout l'arc DH cogneu.

Tiercement, vous trouuerez CI, complément de la distance des deux lieux, comme s'ensuit, car ED se tient à DH secondement trouué, tout ainsi que EC, complément du premier trouué, à CI, &

fon complément B C eft cogneu, dont l'arc multiplié par 15, rend la vraye diftance des deux places propofees.

$$27 . 58 \qquad 90$$
$$20 . 16 \qquad 47 . 31$$

$$90 \qquad 7 . 42 \qquad 42 . 29$$
$$\text{A E} \qquad \text{G F} \qquad \text{A C}$$
$$100000 \ldots 13398 \ldots 67537.$$

Viennent 9048, fon arc fait 5 degrez 12 minutes pour l'arc D C.

$$90$$
$$5 . 12$$

$$84 . 48 \ldots 47 . 31 \ldots 90$$
$$\text{C E} \qquad \text{C F E D}$$
$$99588 . . 73747 . . 100000?$$

Viennent 74052, auquel refpondent 47 degrez 48 minutes pour l'arc D G.

$$90$$
$$51 . 30$$

$$38 . 30$$
$$47 . 48$$

$$90 \ldots 86 . 18 \ldots 84 . 48.$$
$$\text{E D} \qquad \text{D H} \qquad \text{E C}$$
$$100000 \ldots 99791 \ldots 99588?$$

Viennent 99374, dont l'arc fait 83 degrez 36 minutes pour C I.

$$90.$$
$$83 . 36.$$

$$6 . 24$$
$$15 . 6$$

$$90$$
$$6$$

Facit 96 lieuës pour la diftance cherch'ee.

150. Item, il y a vne ville, dont la latitude feptentrionnale eft 38½ degrez. La longitude 195 degrez. Et vne autre dont la latitude eft Meridionnale 50 degrez, & la longitude eft 315 degrez: on demande

combien de lieuës icelles villes sont distantes
l'vne de l'autre? Facit lieuës 2051 ¾.

Soit la ville Septentrionnale B, la Meridionnale C. Le Pole Arcticque A l'angle B A C, est
causé par la difference des longitudes ; de sorte
qu'il n'y a à faire que chercher l'arc B C, lequel
monstrera la distance de ces deux lieux.

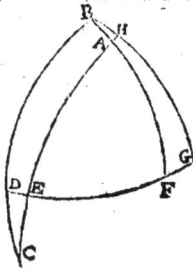

De B, comme du Pole, tirez vn quart de cercle majeur G D, & prolongez semblablement
B A en F, & l'arc C A en H, lequel couppe G D en E.

Premierement, vous chercherez l'arc B H comme s'ensuit: l'angle droict B H A se tient à l'angle H A B (complément de l'angle
B A C differences des longitudes, à deux angles droicts, par le susdit
Theoreme de Geber) tout ainsi que l'arc A B, complément de la latitude Septentrionnale, à l'arc B H.

Secondement, vous chercherez l'arc A E du triangle A E F, car
par le susdit premier Theoreme l'angle A E F, ou l'arc H G complément de l'arc B H, premierement trouué, se tient à l'angle droict F:
tout ainsi que l'arc A F, à l'arc A E : l'arc A F est la latitude Septentrionnale, & par ainsi A E sera cogneu.

Tiercement, l'arc A C est cogneu, duquel vous osterez le susdit
arc A E, & il en restera E C. Or finablement vous chercherez l'arc
D C, comme s'ensuit: car du triangle C D F, l'angle droict D se tient
à l'angle E egal à l'arc H G, tout ainsi que l'arc E C, subtendant l'angle
droict, à l'arc D C subtendant l'angle E par le susdit Theoreme de
Geber.

Or si l'arc D C cogneu, & l'arc B D faisant ¼ d'vn cercle majeur ou
90 degrez, tout l'arc B C ne demourera pas incogneu, lequel multiplié par 15 donnera la vraye distance des deux places B, C.

S'ensuit la supputation.

315		
195		
120	180	90
	120	38.30
90 ———— 60 ———— 51.30		

H G A.

HGA.   HAB.   AB
100000 .... 86602 ... .. 78260.

Viennent 67774, duquel l'arc est 42 degrez quarante minutes pour B H.

     90
     42. 40
  —————————
   47. 20 ——90——38.30
    GH ... HE .. AF
   73530 ... 100000 .. 62251.

Viennent 84660, dont l'arc 57. 51 est pour A E.

     50   136. 45
     90   15
 —————   —————
    140   680
    57. 51   136
           11 $\frac{1}{4}$
90 —— 47. 20   82. 9
EDC. DEC   EC   2051$\frac{1}{4}$
100000 .. 73530 .. 99062.

Viennent 72840, dont l'arc est 46. 45, lequel auec 90 donne la distance B C,136. 45, lequel multiplié par 15, donne lieuës 2051$\frac{1}{4}$.

151. Item, il y a vn arc en l'Eclyptique, qui commence au principe de Taurus, & il termine deuant la fin de Gemini, iceluy est egal à son ascension droicte: On demande combien de degrez a cest arc? Facit 31$\frac{1}{3}$ degrez, qui vient au 1$\frac{1}{3}$ de Gemini.

Pour entendre cecy soit A D C le colure Solstitial, l'equinoctial sera A B C, l'Eclypticque sera H B, B sera l'Equinoxe, & F le principe de Taurus. Or si nous disons que l'arc cherché est en ceste figure F I, son ascension droicte sera E K, lequel deura estre egal audit arc F I; tirons doncques de F I l'arc F G à rectangle sur D K.

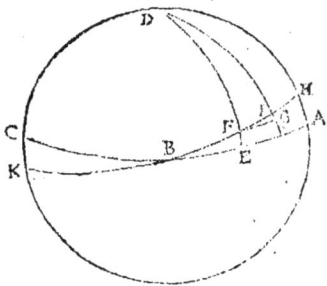

Premierement, ie dy que l'arc F I se tient à l'arc F G, tout ainsi que l'arc D I à l'arc D H. Semblablement l'arc F G se tient à l'arc E K, comme l'arc D F à l'arc D E. Et à cause que les deux arcs F I & E K sont egaux par l'hypothese, ou à l'argu-

R

ment de la propofition, ie dy que la proportion de D F à D E fera comme la proportion de D H à D I.

Or les 3 font cogneus, & par l'aide de la feiziefme du fixiefme vous trouuerez D I, qui eft la declination de la fin de l'arc cherché, par le moyen de laquelle vous trouuerez l'arc B I, enfemble l'arc F I cherché.

La fupputation.

La declination du commencement de Taurus fera 11 $\frac{1}{2}$ degrez, & la plus grande 23 $\frac{1}{2}$.

	90			90	
	11. 30			23. 30	
78. 30	—	90	—	66. 30	
D F		D E		D H	
97998	. .	100000	.	91716.	

Viennent 93589, duquel l'arc 69 degrez 22 minutes rend l'arc D I cogneu, enfemble I K, 20 degrez 38 minutes pour la declination de la fin de l'arc F I, à laquelle declination refpondent 62 degrez 6 minutes du principe d'Aries, ou 32 degrez & 6 du principe de Taurus pour l'arc F I cherché, qui termine au 2. degré & 6 minutes de Gemini.

Or la preuue eft telle; l'afcenfion droicte du principe de Taurus eft 27 degrez 54 minutes, & celuy du deuxiefme degré & 6 minutes de Gemini eft 60 degrez. Leuez l'vn de l'autre, & reftent 32 degrez & 6 minutes, dont s'enfuit qu'iceluy arc vient iuftement au deuxiefme degré & 6 minutes de Gemini.

Or la maniere comment nous auons fupputé la declination du principe de Taurus, & auffi le degré de l'Eclypticque correfpondant à la declination de 20 degrez 38 minutes, nous ne l'auons point mis en cefte queftion, d'autant que cela fe fera bien-toft cy-pres en la cent cinquante-quatriefme.

152. Item, il y a vne boule, de laquelle la circonference eft diuifee en 360 degrez. Eftant en vne certaine place diftante d'icelle boule, l'on void 135 degrez & 36 minutes de ladite circonference : & quand on fe retire droictement arriere en la mefme ligne 14 pieds, alors on void 160 degrez & 32 minutes de la circonference : on demande, combien eft le diametre d'icelle boule ? facit 8 $\frac{46112}{17171}$ pieds.

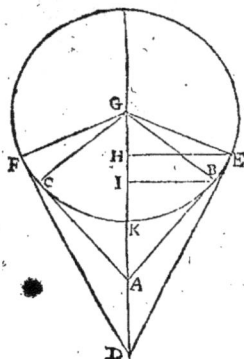

Premierement, on doit demonstrer qu'e-
stant en D l'on verra plus grand arc de la circonference de la boule G, qu'en D : car
ayant tiré deux lignes du poinct A , tou-
chantes la circonference en B, & en C, lefquels poincts appliquez au centre G, l'angle A B G fera droict par la 18. du 3. d'Euclide: femblablement fi du poinct D font
tirces deux autres D E & D F, & menees au
centres par les lignes E G & G F, ie dy par la
fufdite propofition d'Euclide que l'angle
G E D eft femblablement droict. Or d'autant que l'angle F A G eft plus grand que
l'angle F D G pour eftre exterieur à iceluy, ie dy que l'angle D G E
fera auffi plus grand que l'angle A G B : car celuy fait auec l'angle
B A G vn angle droict, tout ainfi que l'angle E D G fait auec l'angle
E G D par la 32 du premier, dont s'enfuit que l'arc E K F, veu de loin
comme de D, eft plus grand que l'arc B K C; veu de prés comme du
poinct A, pour eftre l'angle E G F plus grand que l'angle B G C : ce
qui eftoit le premier à demonftrer.

Or pour proceder à l'inuention de la chofe requife, il faut premierement chercher la longueur G D comme s'enfuit; le triangle F G H
eft femblable au triangle D G F pour auoir les angles egaux l'vn à
l'autre; & par la quatriefme du fixiefme, ils ont les coftez proportionnaux, à fçauoir G H Sinus du complément de l'arc F K, fe tient
à G F, tout ainfi iceluy G F à G D. Semblablement vous trouuerez
G A, dont s'enfuit que A D ne fera pas incogneu, en parties defquelles le diametre fera 200000 : mais en parties defquelles A D fera 14,
vous trouuerez que le diametre eft $8\frac{46311}{87711}$: ce qui eftoit à faire.

La fupputation.

x)	135.36	2)	160 . . 32
	64.48		80 . . 16
	90		
	67.48		
	22.12		

37784	100000	100000
GH	GF	GF

Viennent 264662 pour la longueur GD.

90
80.16
—————
9.44.
GI   GB   GB
16906----100000---100000

Viennent 591506 pour GA, duquel ie leue 264662, restent pour AD 326844.

326844 ----- 200000 ------ 14? Facit 8 $\frac{46311}{81711}$.

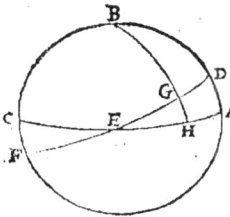

153. Item, quand le Soleil est au commencement de Taurus, combien est-il declinant de l'Equinoctial? Facit 11 degrez, & 30 minutes.

Soit le cercle Meridien ABC, l'Equinoctial DEF, le Pole du monde B, & l'arc BGH, passant le principe de Taurus, monstre GH la declination du Soleil, lequel nous cherchons: & pour la trouuer, vous prendrez le triangle EGH, auquel le finus de l'angle droict H, se tient au finus de l'angle E (lequel nous mettons 23 ½ degrez.) Tout ainsi que le finus de l'arc GE au finus de l'arc GH de ces 4 nombres, les 3 font cogneus: car l'angle H est droict, l'angle E fait 23 ½, & l'arc GE fait 30 degrez; & par l'aide d'iceux vous trouuerez (par la seiziesme du sixiesme) l'arc GH cherché.

La supputation.

ED   DA   EG
90 -------- 23 . 30 --------- 30
100000..39874..500000.

Viennent 19937. Auquel respondent 11 degrez & 30 minutes pour l'arc GH declination du Soleil au commencement de Taurus: ce qu'il nous falloit faire.

154. Item, si le Soleil decline 11 degrez 30 minutes de l'Equinoctial, en quel signe est-il? Facit au premier degré du bœuf.

Pour refpondre à cecy, nous prendrons la precedente figure auec tous fes cercles: & le Soleil en G declinant de l'Equinoctial par G H, & l'arc E G eft incogneu, lequel nous trouuerons par l'aide du triangle E G H, auquel l'angle E (lequel fait 23 ½ degrez) fe tient à l'angle droict H, tout ainfi que l'arc G H declination du Soleil, fubtendant ledit angle E, à l'arc E G fubtendant l'angle droict H, lequel nous cherchafmes. Les 3 font donnez (car l'angle E fait 23 ½ degrez, eftant la plus grande declination du Soleil, l'angle H qui eft droict, & l'arc G H declination du Soleil,) & par la feiziefme du fixiefme vous trouuerez E G, lequel party par 30 trouuerez combien de fignes & degrez le Soleil eft diftant du principe d'Aries.

Supputation.

23.30   90   11.30
D A.-------D E-------G H
39874....100000 . . 19937.

Viennent 50000, dont l'arc fait 30 degrez, auquel correfpond le premier de Taurus.

155.   Item, fi le Soleil eft au commencement de Cancer, le premier veu du Soleil fe fait fur l'Horizon à 39 degrez 50 minutes de l'Orient vers Septentrion : on demande la hauteur du Pole d'icelle contree? Facit 51 ½ degrez.

Soit pour exemple A C B le cercle Meridien, l'Equinoctial D E F, l'horizon A E B, le parallele de Cancer I G K, lequel couppe l'horizon en G, & l'arc E G s'appelle Amplitude orientale, le Pole du Monde C, & l'arc B C eft l'eleuation du Pole qu'on demande. Pour la trouuer nous prendrons le triangle E G H, rectangle en H, auquel le finus de l'arc E G fe tient au finus de G H, tout ainfi que l'angle droict H, à l'angle G E H : de ces 4 les 3 font cogneus : car E G eft l'amplitude ortiue donnee, G H eft la plus grande declination du Soleil, & l'angle H eft droict ; donc par la feiziefme du fixiefme vous trouuerez l'angle G E H, auquel correfpond l'arc F B, duquel le complément B C eft la hauteur du Pole cherchee.

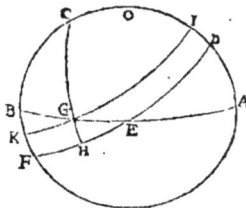

R iij

La supputation.

```
39. 50 ------ 23 ½ ------ 90
 EG      GH      EB
   64055 . . 39874 . . 100000.
```

Viennent 62249, auquel respondent 38 ¼ degrez, duquel le complément 51 ¾ donne solution de la demande.

156.   Item, si le Soleil se cache sous l'horizon au 39 degré 50 minutes de l'Occident vers minuict, & que la hauteur du Pole soit 51 ½ degrez; on demande en quel signe le Soleil est alors ? Facit au principe de Cancer.

Soit gardé en la precedente figure l'ordre des cercles, comme dessus, en laquelle G sera le lieu du Soleil, distant de l'Equinoctial par l'arc G H, lequel est à trouuer. Pour ce faire nous prendrons le triangle E G H, rectangle en H, auquel le sinus de l'angle droit H se tient au sinus de l'angle G E H, tout ainsi que l'arc E G à l'arc G H. Les 3 sont cogneus, car l'angle H est droict, & l'angle G E H est le complément de la hauteur du Pole, l'arc E G est l'amplitude ortiue: donc par moyen d'iceux l'on trouuera G H la declination du Soleil, & par icelle sera cogneu le lieu du Soleil en l'Eclypticque, ce qu'estoit à faire.

La supputation.

```
  90 . . 38 ½ . . 39. 50
 EB      BF      EG
   100000 -- 62249 -- 64055.
```

Viennent 39874, duquel l'arc fait 23 ½ degrez, ou le principe de Cancer.

157.   Item, quand le Soleil est au commencement de Cancer, & que la hauteur du Pole est 51 ½ degrez: on demande combien est la difference ascensionale ? facit 33 degrez 8 minutes, ou 2 heures & 12 minutes.

Soit la precedente figure en laquelle obserueront toute la situation des cercles comme au premier ; & soit le Soleil en l'horizon en G, du Pole C sont tirez deux arcs ou quarts de cercles venans par G, lieu du Soleil en H, en l'Equinoctial, l'autre viendra en E poinct de l'Orient, & l'arc E H est appellé *differentia ascensionalis*, laquelle nous

conuient chercher. Prenons donc le susdit triangle, auquel premierement faut auoir l'arc E G, amplitude ortiue, comme s'enfuit: L'arc
B F, complément de la hauteur du Pole, se tient à B E finus entier,
tout ainfi que G H, declination du Soleil, auec E G amplitude ortiue, lequel ayant par l'aide des 3 premiers cogneus, fon complément
G B ne fera pas incogneu, auquel G C complément de la declination
du Soleil, a proportion, tout ainfi C H finus entier à H F, complément de la difference afcenfionnale, les 3 premiers donc cogneus, le
quatriefme H F, & par confequent E H eft cogneu.

La fupputation.

$$38\tfrac{1}{2} \text{———} 90 \text{———} 23\tfrac{1}{2}$$
$$\text{B F} \qquad \text{B E} \qquad \text{G H}$$
$$62249 \text{—} 100000 \text{—} 39874.$$

Viennent 64055, fon arc 39,50, leué de 90, reftera 50,10 pour B G.

$$90 \qquad\qquad 90$$
$$23\tfrac{1}{2} \qquad\qquad 39.50$$

$$66\tfrac{1}{2} \text{———} 50.10 \text{—} 90$$
$$\text{C G} \qquad \text{G B} \quad \text{C H}$$
$$91706 \text{———} 76791 \text{—} 100000.$$

Viennent 83736, fon arc 56, 52, leué de 90, reftent 33,8, pour la difference afcenfionnale.

158. Si le Soleil fe leue du matin à 3 heures
& 48 minutes, & l'amplitude ortiue eft 39
degrez 50 minutes de l'Orient vers le Septentrion: on demande, combien foit la declination du Soleil? facit 23$\tfrac{1}{2}$ degrez.

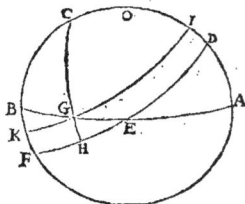

Soit la precedète figure repetee auec tous
fes cercles comme au premier, le lieu du So-
leil en l'horizon fera en G, la declination de l'Equinoctial eft G H,
laquelle nous cherchons.

Premierement, nous trouuerons l'arc C G, comme s'enfuit: car
l'arc H F, cogneu par le leuer du Soleil, fe tient à l'arc G B, complément de l'amplitude ortiue, comme le finus entier C H, au finus de
l'arc C G, complément de la declination du Soleil. Or puis que les 3
premiers termes font cogneus, le quatriefme ne demourera pas incogneu.

Supputation.

```
3. 48
─────
  15
    12
─────
45.           90
12          39.50
─────  ──────  ───
57 ──── 50. 10 ──90
HF . . . . GB . . . HC.
83867 ──── 76791 ─100000.
```

Viennent 91698, duquel l'arc fait 66½ degrez pour C G, lequel leué de 90, restent 23½ pour la declination du Soleil.

159. Item, si le Soleil est en la fin de Gemini, & la difference ascensionnale 33 degrez 8 minutes : on demande, combien sera l'amplitude ortiue ? Facit 39 degrez 50 minutes.

Repetant la precedente figure auec ses cercles, comme au premier, le lieu du Soleil en l'horizon sera en G, en sa plus grande declination de l'Equinoctial, lequel est G H 23½ degrez, & l'arc E H est la difference ascensionnale, l'arc E G est l'amplitude ortiue, laquelle nous cherchons ; mais pour la trouuer chercherez premierement G B, complément de l'amplitude, comme s'ensuit : Par le Theoreme susdit C H, sinus entier se tient à H F complément de la difference ascensionnale, tout ainsi que C G, complément de la declination du Soleil, à G B complément de l'amplitude ortiue. Les 3 termes estans donnez, le quatriesme ne sera pas incogneu, lequel leué de 90, rend E G cogneu : lequel il nous falloit chercher.

Supputation.

```
  90
─────         90
33.8        23.30
─────       ─────
90 . . 56.52 . . 66.30
CH    HF    CG.
100000. 83740. 91698.
```

Viennent 76791, dont l'arc fait 50 degrez & 10 minutes ; lesquels ostez de 90, restent 39 degrez 50 minutes pour l'amplitude ortiue.

160. Item,

160. Item, le Soleil estant au principe de Cancer, la difference ascensionnale est 33 degrez 8 minutes: on demande, combien y est la hauteur du Pole? facit 51½ degrez.

Pour respondre à cecy, vous prēdrez encore la precedente figure, en laquelle vous obseruerez toutes les denominatiōs, cōme au premier: Le Soleil donc sera en G, & H E sera la difference ascensionnale, E G l'amplitude, & C B sera la hauteur du Pole que nous cherchons. Premierement, faut chercher G B, complément de l'amplitude ortiue, comme s'ensuit: C H se tient à H F, complément de la difference ascensionnale, comme C G complément de la declination à G B, complément de l'amplitude ortiue: ayant donc l'amplitude, icelle se tient à la declination du Soleil G H, comme le sinus entier E B, au sinus B F, complément de la hauteur du Pole cherchee. Les 3 sont cogneus, le quatriesme sera donc cogneu par l'aide de la regle de proportion.

Supputation.

$$90 \qquad 90$$
$$33.8 \qquad 23.30$$

$$90 - 56.52 - 66.30$$
$$\text{C H .. H F .} \qquad \text{C G}$$
$$100000 - 83740 - 91698.$$

Viennent 76791, son arc fait 50 degrez 10 minutes, dont le complément fait 39, 50 pour l'amplitude ortiue.

$$39.50 - 23.30 - 90$$
$$\text{E G} \qquad \text{G H} \qquad \text{E B}$$
$$64055 .. 39874 .. 100000.$$

Viennent 62249, son arc fait 38½ degrez, lequel leué de 90, restent 51½ degrez pour la responce desiree.

161. Item, le dixiesme degré du Taureau, auec quel degré se leue-il en la Sphere droicte? facit son ascension droicte est 37 degrez, 35 minutes.

Soit le cercle Meridien A B C, l'equinoctial A E C, le Pole du Monde B, le Zodiac D E F, & soit le Soleil en G: ayant donc mené vn cercle hors du Pole B qui passe par G, iceluy monstre au cercle equinoctial en H l'ascension droicte, ou l'arc E H, lequel nous faut auoir.

S

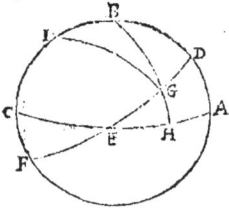

Pour lequel trouuer, il nous faut premierement auoir l'arc G H , declination du Soleil,
comme deſſus, lequel ayant ſon complément
B G, duquel le ſinus a proportion auec le ſinus
de G D, complément de l'arc E G, lequel monſtre la diſtance du Soleil du commencement
d'Aries, tout ainſi que le ſinus entier B H, à
l'arc H A, complément de l'aſcenſion droite à trouuer. Or les 3
eſtans cogneus, la quatrieſme ne ſera pas incogneuë, lequel leué de
90. rendra la reſponce de la demande.

30
10

Supputation.

90 — 40 — 23. 30
ED. EG AD
100000 . 64278 . . 398274.

Viennent 25600, dont l'arc fait 14 degrez 50 minutes pour G H.

90   90
14. 50   40

75. 10 ———— 50 —— 90
B G.   G D   B H.
96667 . . . . . 76604 . 100000.

Viennent 79246, ſon arc 52,25, leué de 90 reſtent E H, 37 degrez
35 minutes.

162. Item, le trente-ſeptieſme degré & trente-cinquieſme minute
de l'equinoctial, auec quel degré reſpond-il en l'eclypticque ? facit le
dixieſme de Taurus.

Pour entendre cecy, il nous faut prendre la precedente figure, la
gardant auec toutes ſes denominations des cercles, comme au premier. Et en icelle eſt donnee l'arc E H, aſcenſion droite; & l'arc E G
eſt à trouuer; pour ce faire vous chercherez premierement l'angle
E G H, comme s'enſuit.

Le ſinus de l'angle droict H ſe tient au ſinus de l'angle G E H, qui
eſt la plus grande declination du Soleil, tout ainſi que le ſinus du
complément de l'arc E H, au ſinus du complément de l'angle G E H.

Secondement, par le moyen dudit angle vous trouuerez l'arc re-
quis E G, comme s'enſuit : le ſinus d'iceluy angle G ſe tient au ſinus

de l'angle droit H, tout ainfi que le finus de l'arc E H, au finus de l'arc E G. De ces 4 proportionnaux les 3 font cogneus, & par l'aide de la feiziefme du fixiefme, le quatriefme à trouuer, ne fera pas incogneu.

Supputation.

$$90$$
$$37.35$$

$$90 \text{—} 23.30 \text{—} 52.25$$
$$100000 \text{—} 39874 \text{—} 79246.$$

Viennent 31600, dont l'arc fait 18 degrez, 25 minutes, fon complément 71 degrez 35 minutes monftre l'angle E G H.

$$71.35 \text{—} 90 \text{—} 37.35$$
$$E G H .. H .. E H$$
$$94878 .. 100000 .. 60991.$$

Viennent 64243, duquel l'arc fait 40 degrez du commencement d'Aries, auquel degré refpond le dixiefme de Taurus.

163. Item, fi la hauteur du Pole eft 51 ½ degrez: on demande auec quel degré le Soleil fe leue en icelle fphere, eftant le Soleil en fa plus grande declination? facit 56 degrez 52 minutes, qui eft fon afcenfion oblique.

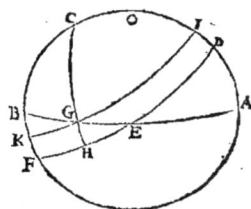

Soit A B l'horizon, D F l'equinoctial, I K le parallele du Soleil en fa plus grande declination. Or le Soleil fera en l'horizon en G, fon afcenfion droite viendra en H, 90 degrez du principe d'Aries, fon afcenfion oblique en E, moins que 90 degrez, pour autant fera E H difference afcenfionnale à chercher.

Trouuons donc par la cent cinquante-feptiefme queftion la difference afcenfionnale: dont s'enfuit la fupputation.

38.30	90	23.30
B F	B E	G H
62249	100000	39874.

Viennent 64055, fon arc 39 degrez 50 minutes, rend E G l'amplitude ortiue cogneuë.

90	90	
23.30	39.50	
66.30	50.10	90

CG   GB   CH
91706   76791   100000.

Viennent 83736, duquel l'arc fait 56 degrez 52 minutes son complément, 33 degrez 8 minutes pour la difference afcenfionnale. Laquelle és fignes feptentrionnaux fe doit leuer de l'afcenfion droicte pour auoir l'oblique, & és meridionnaux au contraire les doit-on adjoufter. Or l'afcenfion droicte de Cancer eft 90 degrez, duquel ie leue 33 degrez 8 minutes refteront les fufdits 56 degrez 52 minutes pour l'afcenfion oblique, que nous cherchions.

164.   Item, il y a vne ville en laquelle l'amplitude ortiue eft 39 degrez & 50 minutes, & les plus grands iours y ont 16 heures & 24 minutes, combien eft la hauteur du Pole en ladite place? facit 51 ½ degrez.

Si le iour entier fait 16 heures 24 minutes, la moytié fera 8 heures 12 minutes, duquel ie leue 5 heures; & le refte 2 heures 12 minutes conuertie en degrez, donne 33 degrez pour la difference afcenfionnale en icelle place.

Par la precedente figure fera le Soleil en G, E H la difference afcenfionnale, B C l'efleuation du Pole, fon complément B F, & le refte tout comme au premier.

Premierement nous trouuerons par l'aide de ladite difference afcenfionnale, & l'amplitude ortiue, (felon la cent cinquante-huitiefme queftion) la declination du Soleil, comme la fupputation enfuiuante le demonftre.

90   90
33.   39.50

57 . . . . . 50.10 90
HF   GB   HC
83867   76761   100000.

Viennent 91698, fon arc 66 ½ degrez, leué de 90, reftent 23 ½ degrez, pour la declination du Soleil premierement à trouuer.

Secondement, par l'amplitude ortiue & declination du Soleil, felon la feconde partie de la 160. queftion, vous trouuerez le complément de la hauteur du Pole à trouuer, comme s'enfuit.

39.50   23.30   90
EG   GH   EB
64055   39874   100000.

Viennent 62249, dont l'arc fait 38 ½ degrez, lequel leué de 90 degrez, resteront 51 ½ degrez pour la hauteur du Pole d'icelle place.

165. Item, il y a vne ville où le Soleil est haut à 9 heures deuant midy 45 degrez 42 minutes, & le Soleil est en sa plus grande declination de l'equinoctial : on demande combien est la hauteur du Pole d'icelle ville ? Facit 51 ½ degrez.

Soit en la presente figure A B l'horizon, & son Pole que les Arabiens appellent Zenith, en I le Pole du Monde, ou de l'equinoctial K, & soit le Soleil en E; ayant tiré vn cercle du Pole du Monde K, qui passe par le centre du Soleil, iceluy monstre en l'equinoctial en F, la distance du Soleil du midy par l'arc F G.

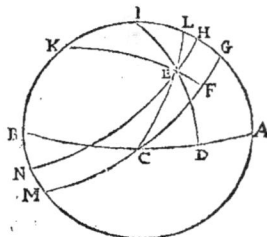

Item, tirant vn autre cercle de I par E, l'arc E D denote la hauteur du Soleil dessus l'horizon au cercle vertical I E D, tirons semblablement l'arc C E L, seruant à faire seulement la demonstration de la supputation.

Premierement, il nous faut trouuer l'arc E L, comme s'ensuit; le sinus entier K F se tient au sinus de l'arc F G distance du Soleil du midy, tout ainsi que K E, complément de la declination du Soleil, au sinus de l'arc E L : les 3 sont donnez, Ergo par la seiziesme du sixiesme sera le quatriesme. E L trouué, lequel nous cherchasmes pour le premier.

Secondement, vous chercherez A L, comme s'ensuit; le sinus de l'arc C E complément de l'arc E L premierement trouué, se tient au sinus de l'arc E D, hauteur du Soleil dessus l'horison, tout ainsi que le sinus total C L, au sinus de l'arc A L; mais de ces 4 les 3 sont donnez, & par ainsi le quatriesme sera cogneu, lequel sera le second trouué.

Tiercement, vous trouuerez G L, comme s'ensuit : Le sinus de l'arc C E, complément du premier trouué, se tient au sinus de l'arc E F declination du Soleil (cogneu par l'hypothese) tout ainsi que le sinus entier de C L, au sinus de l'arc G L le dernier à trouuer : & d'autant que les 3 premiers termes sont cogneus, le quatriesme sera cogneu. Or puis que A L est cogneu par le second, duquel ostant G L le dernier trouué, il en restera A G complément de la hauteur du Pole, lequel nous cherchasmes.

Supputation.

12
9
———
3
15
———
45
99 45. 66.30
KF FG KE

    90
    23.30

100000 . 70710 . . 91706.

Viennent 64846, duquel l'arc fait 40.degrez 25 minutes pour EL.

90
40.25
———
49.35 45.42. 90
CE   DE   CL
76134. 71569 100000.

Viennent 94004, & fon arc 70 degrez 4 minutes, pour l'arc AL.

49.35 23.30 90
CE   EF   CL
76134 . . . . 39874 . . 100000.

Viennent 52376, fon arc 31 degrez 34 minutes, lequel ie tire de 70 degrez 4 minutes, & reftent 38 ½ degrez, fon complément 51 ½ donne folution à la demande.

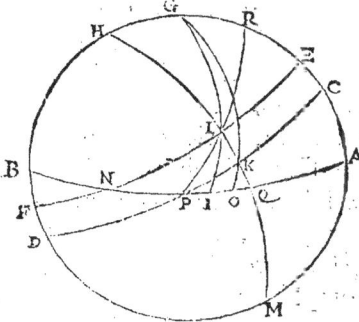

166. Item, fi la hauteur du Pole eft 51 ½ degrez, à 3 heures apres midy eft la hauteur du Soleil deffus l'horizon 45 degrez 42 minutes: on demande combien eftoit la declination du Soleil? facit 23 ½ degrez.

Soit en cefte figure A B l'horizon, C D l'equinoctial, le parallele du Soleil E F, & foit le Soleil en L: l'arc CK monftre la diftance du Soleil du Meridien, & I L eft la hauteur deffus l'horizon: mais de G nous menons des cercles verticaux par K & L, lesquels sont C O, & C I: semblablement auons tiré de P par L le cercle P L R, & par K le cercle H R Q couppant l'horizon en Q, & ces cercles seruent seulement à faire la demonstration.

Premierement, vous trouuerez K O, comme s'ensuit: comme le sinus total de P C se tient auec le sinus de l'arc A C, complément de la hauteur du Pole: ainsi le sinus de l'arc P K, complément de la distance du Soleil du midy, auec le sinus K O premier trouué: car les 3 termes premiers sont cogneus, & par l'aide de la regle de proportion vous trouuerez ledit premier trouué K O.

Secondement, vous chercherez K Q, comme s'ensuit. Or d'autant que l'angle H K G est egal à l'angle O K Q, l'arc K O sera complément de l'angle K Q O: Le sinus dudit angle se tient au sinus de l'angle K P A, hauteur de l'equinoctial, tout ainsi que le sinus de l'arc P K au sinus de l'arc K Q: & pource que desdicts termes les 3 sont cogneus, le quatriesme sera semblablement cogneu, & par ce moyen K Q le second cherché est trouué.

Tiercement, vous chercherez L Q, comme s'ensuit: & prendrez le triangle I L Q, auquel le sinus de l'angle Q secondement trouué, se tient au sinus de l'angle I droict, tout ainsi que le sinus de l'arc I L (cogneu par l'hypothese pour estre la hauteur du Soleil dessus l'horizon à 3 heures depuis midy, comme veut la question) au sinus de l'arc L Q le dernier cherché: mais ayant trouué cedit arc L Q par l'aide des 3 premiers termes cogneus, tu leueras l'arc K Q le second trouué, de l'arc L Q le dernier trouué, & il en restera K L, la declination du Soleil, laquelle estoit proposee à chercher.

Supputation.

			3
	90	90	15
	51.30	45	
			45
90	38.30	45	
PC	CA	PK	
100000	62251	70710.	

Et viennent 44017, duquel l'arc fait 26 degrez 7 minutes pour K O.

                 90
                 26.7
                 ─────

      63.53   45   38.30
      P Q K.   P K   K P Q
      89789   70710   62251.

Viennent 49023, dont l'arc 29,21, rend K Q cogneu.

      63.53   45.42   90
      P Q K   L I   Q I L
      89789.   71569.   100000.

Viennent 79708, duquel l'arc fait 52 degrez 51 minutes, pour L Q, maintenant oftez 29,21, de 52,51, & reftent 23 ½.

167.   Item, quand le Soleil eft au commencement d'Aries, qu'on dit equinoxe, on demande combien fera haut le Soleil à 10 heures deuant midy, quand la hauteur du Pole eft 51½ degrez facit 32 degrez 37 minutes.

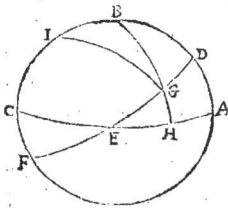

Soit le cercle Meridien A B C, l'equinoctial D E F, l'horizon fera A E C, le Pole du Monde I, celuy de l'horizon B, & fi le Soleil eft en G, au cercle equinoctial D G, fera la diftance du Meridien, & G H la hauteur du Soleil, au cercle equinoctial B G H, deffus l'horizon, lequel eft à trouuer.

Pour faire cecy, il eft certain par le premier Theoreme, que le finus de l'arc E D, eft au finus de l'arc A D, hauteur de l'equinoctial, ainfi que le finus de l'arc E D complément de la diftance du Soleil du midy, au finus de l'arc G H: mais puis que les 3 premiers termes font cogneus, le quatriefme fera manifefté par la feiziefme du fixiefme.

Supputation.

      12
      10
      ─────
      2
      15   90
      ─────   30
      30   ─────
      90 . . . . 38.30 60

                                    E D

ED   AD   EG
100000 62251 86602.

Viennent 53910, son arc est 32 degrez 37 minutes pour la hauteur du Soleil au principe d'Aries à l'heure proposee.

168. Item, si le Soleil est à 2 heures apres midy haut 32 degrez 37 minutes, & les iours sont egaux aux nuicts: on demande, combien la latitude d'iceluy païs sera ? facit 51 ½ degrez.

En la precedente figure nous cherchons l'arc D B, lequel se trouuera comme s'ensuit: l'arc E G se tient au sinus de l'arc G H, tout ainsi que le sinus entier E D, au sinus de l'arc D A, hauteur de l'equinoctial: les 3 estans cogneus, par la seiziesme du sixiesme D A sera cogneu, & par consequent son complément B D, lequel estoit à chercher.

Supputation.

$$2$$
$$15$$

90   30
30

60 . . . . 32. 37 90
86602 53910 . . 100000

Viennent 62251, son arc 38 ½ leué de 90 restent 51 ½.

169. Item, le Soleil est en l'equinoxe haut dessus l'horizon 32 degrez 37 minutes: on demande, quelle heure il est, la hauteur du Pole estant 51 ½ degrez ? facit 2 heures apres ou 10 deuant midy.

En cecy est question de trouuer l'arc D G en la precedente figure, lequel se fera comme s'ensuit ; comme le sinus de l'arc A D est au sinus entier D E, tout ainsi que le sinus G H, au sinus G E: les 3 premiers sont cogneus, & par ainsi G D ne sera incogneu.

Supputation.

90
51. 30

38. 30   90   32. 37
62251. 100000 53910.

T

Viennent 86602,dont l'arc est 60 degrez,lequel osté de 90 degrez
restent 30 degrez, qui font 2 heures.

170.　Item, quand les iours sont les plus longs, & que l'esleuation
du Pole est 51½ degrez: on demande la hauteur du Soleil à 9 heures
deuant midy, ou à 3 heures après midy? facit 45 degrez & 42 minutes.

Soit en la presente figure le cercle Meridien A I B,l'equinoctial G C,l'horizon A C
B, le Pole du Monde K,celuy de l'horizon
I, le cercle vertical passant par le centre du
Soleil E,tombe sur l'horizon en D;de sorte
que l'arc A D est l'Azymuth du Soleil pour
lors, & D E est la hauteur du Soleil, que
nous cherchons.

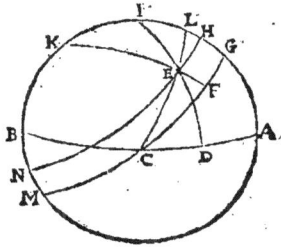

Pour donc trouuer iceluy arc,vous ferez
comme s'ensuit:car ie tire premierement de C par E vn cercle, lequel couppe le Meridien en L: Et l'arc E L sera le premier cherché.
Le sinus entier, qui est de l'arc K F se tient au sinus de l'arc G F, distance du Soleil du midy,tout ainsi que le sinus de l'arc E K, complément de la declination du Soleil, au sinus de l'arc E L par le premier
Theoreme. Or les 3 sont cogneus, & par consequent le quatriesme
E L sera cogneu,& son complément C E premier trouué.

Secondement,vous chercherez G L,lequel se trouue ainsi,la proportion de E C premier trouué à E F declination du Soleil,tout ainsi
que le sinus entier C L a proportion auec le sinus de l'arc G L : mais
de ces 4 termes proportionnaux les 3 sont cogneus, & par la seiziesi-
me du sixiesme, le quatriesme semblablement. Or si G L est cogneu,
& A G la hauteur de l'equinoctial , A L sera cogneu le second
trouué.

Tiercement, vous verrez par ledit premier Theoreme, que le sinus total de C L a proportion du sinus A L le second trouué, tout
ainsi que le sinus de C E premier trouué, au sinus de l'arc E D, hauteur du Soleil à l'heure proposee. Or les 3 premiers termes estans cogneus,la regle de proportion rendra le quatriesme cogneu.

Supputation.

3.
15

90 .... 45 .... 66. 30
KF   EG   KE
100000   70710   91706

Viennent 64845, ſon arc 40 degrez 25 minutes pour E L ſon complément 49, 35, pour l'arc C E.

49. 35   23. 30   90
CE   EF   CL
76134.   39874.   100000.

Viennent 52373, dont l'arc fait 31 degrez 35 minutes pour G L, auquel i'adiouſte l'arc A G, 38 degrez 30 minutes, & en viennent 70 degrez 5 minutes pour A L.

90   70. 5   40. 35
CL   AL   CE
100000.   94018.   76134.

Viennent 71579, ſon arc 45 degrez 42 minutes, monſtrent la hauteur du Soleil cherché.

Item, s'il eſt queſtion de trouuer l'azymuth du Soleil, c'eſt à dire, combien le cercle vertical du Soleil eſt diſtant du Meridien, lequel eſt en la figure precedente l'arc A D, vous trouuerez comme s'enſuit.

Le complément du Soleil eſt K E, duquel le ſinus a proportion au ſinus E L premierement trouué, tout ainſi que le ſinus total I D, au ſinus de l'arc A D azymuth du Soleil : les 3 ſont cogneus, & le quatrieſme ſemblablement par le moyen de la ſeizieſme du ſixieſme.

90
45. 42

44. 18.   40. 25   90
I E   E L   I D
69841   64845.   100000.

Viennent 92847, ſon arc fait 68 degrez 12 minutes pour l'azymuth du Soleil.

Vous pourrez encore practiquer cecy par vne autre voye plus commode : car I E a proportion auec E K complément du Soleil, comme l'angle K, à l'arc A D, ſubtendant l'angle I.

44. 18   66. 30   45
I E   E K   F G
69841.   91706.   70710.

Viennent 62849, ſon arc fait 68 degrez 12 minutes pour A D, diſtance du cercle vertical du Soleil de la ligne Meridienne.

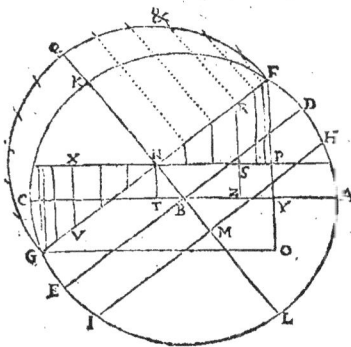

Item, d'autant que les cylindres, quadrans, anneaux, & autres horloges pendillans, ne ſe peuuent faire ſans auoir la hauteur du Soleil à toute heure par toute l'annee: Nous auons bien voulu appliquer en ceſt endroiƈt vne maniere plus facile que la precedente, par laquelle auec bien peu de trauail vous pourriez facilement faire vne table de la hauteur du Soleil à toute heure: la maniere eſt telle.

Premierement, vous prendrez la hauteur de l'equinoƈtial A D, à laquelle adiouſterez la declination du Soleil au ſigne propoſé, & la ſomme A F, monſtre la hauteur du Soleil au midy, & ſemblablement la leuerez dudit arc A D, & il reſtera A H, ou bien (qui eſt egale à iceluy) C G, hauteur Meridienne, au ſigne oppoſite, le ſinus de l'vne hauteur qui eſt F Y, adiouſterez au ſinus de l'autre Y O, & la ſomme F O, vous partirez en deux egalement en P, dont la moytié F P s'appelle le premier trouué: d'iceluy premier trouué vous leuerez Y O, ſinus de la moindre hauteur, & le reſte P Y ſera appelle le ſecond trouué. Or ayant marqué le parallele Septentrionnal du Soleil qui eſt F G, & le Meridionnal H I, de F en N ſeront ſix heures, & autres ſix de N en G: puis ie dy par la quatrieſme du ſixieſme, que le ſinus total N F, ſe tient au ſinus N R, ſinus du complément de la diſtance du Soleil du Meridien, tout ainſi que le premier trouué, au tiers trouué R S. Or ſi le Soleil eſt Septentrionnal, audit R S, vous adiouſterez le ſecond trouué, & il en viendra R Z, ſinus de la hauteur du Soleil: mais ſi le Soleil eſt Meridionnal, tu leueras ledit ſecond trouué eu tiers trouué, & reſtera comme auparauant le hauteur de Soleil à l'heure propoſee.

Par ce moyen vous trouuerez deux choſes enſemble, à ſçauoir la hauteur du Soleil en vn ſigne Septentrionnal, & au ſigne Meridionnal oppoſite.

La Regle eſt telle, multipliez touſiours le premier trouué auec le ſinus du complément de la diſtance du Soleil du midy, & vous partirez le produit par le ſinus total. Au produit vous adiouſterez le ſecond trouué, ſi le ſigne du Soleil eſt boreal: mais pour le ſigne Meridionnal le fouftrairez, & le refte fera le finus de la hauteur du Soleil cherchee.

Supputation.

Nous ferons la precedente queftion par vne feule regle, ce que nous n'auons peu faire moins que par 3 regles, felon la precedente regle des triangles fphcriques.

$38\frac{1}{2}$	$38\frac{1}{2}$	88294	57087
$23\frac{1}{2}$	$23\frac{1}{2}$	25881	25881
62.	15	114175	31206
88294.	25881	57087.	

Le premier trouué eft 57087, & le fecond 31206.

100000 . . . . . 70710 57087,

Viennent 40366, tiers trouué.

40366	40366
31206	31206
71572	9160.

Par ainfi ie trouue 71572, dont l'arc fait 45 degrez 42 minutes pour la hauteur du Soleil à 3 heures apres midy, le Soleil eftant en Cancer.

Mais pour la hauteur du Soleil au figne oppofite, qui eft Capricornus, à la mefme heure il en vient 9160, dont l'arc eft 5 degrez 15 minutes.

Voyez donc que par cefte maniere ie fais par vne regle, ce que l'autre maniere n'a peu faire moins qu'à fix regles, & telle briefueté vfons femblablement à fupputer les Azymuthz, comme le precedent le demonftre.

Notez, que cefte queftion fe peut foudre femblablement par vne autre voye, laquelle auons trouuee premierement en vn vieil exemplaire efcrit d'vn Sarazin, tranflaté en Latin par Leopolde Auftraic, & depuis au liure de Radio aftronomico de Gemme Phrifius, lequel allegue Albatègne, qu'on dit Mahomet Aratenfe, pour l'auoir trouué premierement chez iceluy, laquelle maniere eft quafi autant aifee que cefte premiere.

Item, Iean de Montbrege au liure de fes obferuations monftre encore vne autre voye auffi trefbonne, mais poub la briefueté les auons obmifes: & toutes ces manieres fe font par triangles plains: car par les fpheriques elles font plus facheufes.

QVESTIONS

171. La teneur de ceste cent septante-vnieſme queſtion eſt de mot en mot ſemblable à la cent ſoixante huitieſme, & pour remplir le lieu vuide auons mis vne fort ſpeculatiue miſe par Monterege.

Il y a vne arc en l'eclypticque, qui ſurpaſſe le plus ſon aſcenſion droiſte: on demande, où termine iceluy? facit au ſeizieſme degré 14 minutes de Taurus.

Monterege demonſtre que le complément de la declination de la fin d'iceluy arc eſt le milieu proportionnal entre le complément de la plus grande declination du Soleil, & le ſinus total.

Supputation.

Le complément de la plus grande declination du Soleil eſt 66 degrez 30 minutes ſon ſinus 91706, multiplié par le ſinus total viennent 9170600000, dont la racine quarree eſt 95763, duquel l'arc fait 73 degrez 16 minutes, ſon complément 16 degrez 44 minutes, qui eſt la declination de la fin dudit arc, à trouuer, auquel par la cent cinquante-troiſieſme queſtion reſpond, le ſeizieſme degré 14 minutes de Taurus.

Item, ſi l'aſcenſion droiſte & l'arc eclypticque enſemble font 36 degrez 30 minutes: on demande, combien chacun fait à par-ſoy?

Par la precedente maniere vous trouuerez que la plus grande difference eſt 2 degrez 28 minutes, dont le ſinus eſt 4303, & le ſinus de la ſomme premiſe eſt 59482.

$$100000 - 4303 - 59482.$$

Viennent 2576, dont l'arc eſt 1 degré 29 minutes, difference entre l'aſcenſion & l'arc eclypticque.

17.30.30	36.30
1 29	1.29
	35.1

Arc eclypt. 18.59.30   17.30.30, aſcenſion droiſte.

172. Item, ſi la hauteur du Pole eſt 51½ degrez, & le Soleil en ſa plus grande declination, la demande eſt à quelle heure le Soleil eſt haut 45 degrez 42 minutes, Facit à 3 heures deuant midy.

Pour reſpondre à cecy prenez la ſeconde figure de la 170 queſtion, & ayant trouué le premier trouué, ſemblablement le ſecond, prenez le ſinus de la hauteur du Soleil, duquel vous oſterez le ſecod trouué, & le reste sera le troisiesme trouué. Or le premier trouué a proportion à ce troisiesme trouué tout ainsi, quele sinus total au sinus du complément de la distance du Soleil du midy.

Supputation.

$$71572$$
$$31206$$
$$57087 \quad \quad \quad 100000$$
$$40366$$

Viennent 70710, dont l'arc fait 45 degrez, son complément semblablement 45 degrez, lesquels font 3 heures après midy, ou 9 heures deuant midy.

173. Item, il y a ville où le Soleil declinant de l'equateur par 15 degrez 12 minutes, le iour est de 14 heures : on demande combien est la hauteur du pole de ceste ville-là ? Facit 42 degrez 16 minutes.

Soit repetee la figure de la 163. prop. en laquelle est le Meridien A B C D, l'horizon A E B, l'equinoctial D E F, & I G K le parallele du Soleil ; tellement que le Soleil estant en G, G I sera l'arc de la moytié du iour ; & du pole du monde C vienne C G H : l'ascension droicte du Soleil viendra en E, son ascension oblique en H, & partant E H sera la differēce ascentionnale, & G H la declination du Soleil, & l'arc B C est la hauteur du pole qu'il faut chercher : & pour la trouuer faut premierement auoir l'arc E H de la difference ascentionnale comme ensuit : puis que le iour est de 14 heures, l'arc de l'equateur D H sera de 105 degrez, & D E est de 90 degrez, qui ostez de 105, resteront 15 degrez pour l'arc E H premier trouué.

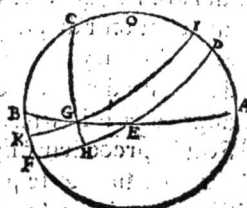

$$2) \; 14 \quad \quad 15 \quad \quad 105$$
$$7 \quad \quad \quad 7 \quad \quad \quad 90$$
$$105 \quad \quad 15, \; \text{pour l'arc E H.}$$

Secondement faut trouuer l'amplitude Orientale E G, comme s'ensuit : Au triangle rectangle E G H, le sinus total se tient à H F complément du premier trouué E H, tout ainsi que C G complément de la declination à G B, complément de E G second trouué.

90   90
15   15. 12.

90   75.   74. 48.
      H F   G C.

100000 ... 96593 ...... 96502.

Viennent 93514, dont l'arc fait 69 degrez 15 minutes, & son complément 20 degrez 45 minuttes pour l'arc E G.

Tiercement, le second trouué E G se tient au sinus total, ainsi que le costé G H à l'angle E egal à l'arc B F, & par ainsi les 3 estans cogneus, le quatriesme sera aussi cogneu, qui leué de C F, restera C B, lequel il falloit chercher.

20. 45.   90   15. 12
E G   H   G H
35429 ..... 100000 .... 26219.

Viennent 74005, auquel correspondent 47 degrez 44 minuttes pour l'arc F B, qui osté de l'arc F C 90, restent 42 degrez 16 minuttes pour la hauteur du pole cherché.

174.   Plus, il y a vne ville en laquelle le plus long iour est 16 heures & demy : on demande combien est la hauteur du pole d'icelle ? Facit 51 degrez 57 minuttes.

Soit la precedente figure en laquelle retiendrons tous ses cercles, comme dessus, & le poinct G en l'horizon soit le lieu du Soleil au solstice estiual, par lequel du pole du monde C descende le quart de cercle C G H ; & puis que le plus grand iour d'Esté est donné, l'arc semi-diurne du Soleil G I sera cogneu, & par consequent l'arc de l'equateur D H qui luy est semblable, & aussi l'arc E H, (car iceluy est la difference ascentionnalle) & l'arc G H est la plus grande declination du Soleil ; parquoy le triangle rectangle E G H a les deux arcs G H & H E cogneus, & partant comme en la precedente proposition la hauteur du pole B C sera cogneuë.

Supputation.

2) 16. 30.   15   123. 45.
8. 15.   120   9.
———   ———
3. 45.   33. 45. pour l'arc E H.
———
123. 45.

$$
\begin{array}{ccc}
90 & 90 \\
33.45. & 23.30 \\
\hline
56.15. & 66.30 \\
\text{H F} & \text{G C}
\end{array}
$$

90

100000 . . 83147 . . 91706.

Et viennent 76251, dont l'arc fait 49 degrez 41 minuttes, & partant son complément sera 40 degrez 19 minuttes pour l'arc E G.

$$
\begin{array}{ccc}
40.19. & 90. & 23.30. \\
\text{E G.} & \text{H} & \text{G H}
\end{array}
$$

64701 . . . . 100000 . . . . 39875.

Viennent 61630, dont l'arc fait 38 degrez 3 minuttes, & son complément 51 degrez 57 minuttes sera pour l'arc B C, qui est la hauteur du pole cherchee.

175. Item, il y a vne sphere mise à la hauteur du pole 51½ degrez, & du pole vient vn cercle horaire, lequel couppe l'horizon; de sorte qu'entre ce entre-croissemēt & le cercle Meridien, il y a 30 degrez de l'horizon : on demande la longueur de l'arc depuis le pole iusques en l'horizon? facit 122 degrez 37 minuttes.

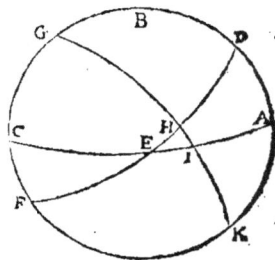

Soit en la sphere presente le cercle Meridien A B C, l'horizon A E C, l'equinoctial D E F, son pole G, & par iceluy vient vn cercle horaire G H I K, couppant l'horizon en I, & l'arc A I fait 30 degrez selon la question : la demande est, combien sera l'arc G I?

Pour trouuer ledit arc, nous prendrons le triangle E H I, auquel l'angle droict H se tient à son arc opposite I E complément de l'arc A I, tout ainsi que l'angle E, egal à la hauteur de l'equinoctial, se tient à l'arc H I; mais cecy s'entendra des sinus d'iceux arcs.

Or puis que des 4 termes proportionnaux les 3 premiers sont donnez, le quatriesme sera cogneu : ayant donc l'arc I H, lequel adiousté à l'arc G H quart d'vn cercle, tout l'arc GHI sera trouué; ce qu'il nous faloit faire.

V

Supputation.

$$
\begin{array}{cc}
90 & 90 \\
30 & 51\tfrac{1}{2}
\end{array}
$$

90 .... 60 .... 38 ½
100000 ... 86602 ... 62251.

Viennent 53910, dont l'arc fait 32 degrez 37 minutes; iceluy adiou-sté à 90 degrez, viennent 122 degrez 37 minuttes.

176. Item, il y a vne sphere à la hauteur du pole 51 ½ degrez, sur la mesme ie trouue par le Soleil qu'il est 2 heures 26 minutes apres midy : on demande, combien de degrez le cercle horaire monstrant icelle heure, est distant sur l'horizon, de la ligne du midy ? facit 30 degrez.

Soit en la precedente figure l'arc D H, lequel fait 2 heures 26 minutes, ou bien 36 degrez 30 minutes, l'arc A I sur l'horizon monstre combien le cercle horaire G H K, est distant du midy A; Pour lequel trouuer prendrons autrefois le triangle I H E, auquel l'angle droict H se tient à l'angle E hauteur de l'equinoctial, tout ainsi que le complément H E, au complément de l'angle I : mais cecy se doit entendre des sinus; les 3 estans cogneus, le quatriesme sera cogneu, & par consequent l'angle I.

Secondement l'angle I se tient à son arc subtendant E H, tout ainsi que l'angle droict H à l'arc I E subtendant l'angle droict. Cecy se doit semblablement entendre des sinus. Or I E cogneu, son complément A I sera manifestece; que nous cherchions.

Supputation.

90 ..... 38 ½ .... 36 ½
100000 .. 62251 .. 59482.

Viennent 37028, son arc fait 21 degrez 44 minutes.

$$
\begin{array}{cc}
90 & 90 \\
21.44 & 36.30
\end{array}
$$

$$
\begin{array}{ccc}
68.16 & 53.30 & 90 \\
92891 & 80368 & 100000.
\end{array}
$$

Viennent 86602, son arc fait 60 degrez, lesquels ie leue de 90 restent pour l'arc A I 30 degrez, & cecy sert pour trouuer les arcs à faire les heures sur l'horloge horizontal.

177. Item, il y a vn horloge horizontal fait à l'esleuation du pole 51 degrez, sur lequel ie trouue l'ombre 30 degrez distante de la ligne Meridienne de Septentrion vers Orient : on demande, quelle heure le stile monstroit ? facit 2 heures 26 minutes apres midy.

En la precedente figure fait l'arc A I 30 degrez, & son complément I E sera donc 60 : mais l'arc D H est incogneu, lequel se pourra trouuer comme s'ensuit.

Premierement, au triangle I H E nous chercherons l'arc I H, comme l'angle droict H se tient à l'angle E, hauteur de l'equinoctial, tout ainsi l'arc I E se tient à l'arc I H, lequel ayant par l'aide des 3 premiers termes donnez, vous prendrez son complément I K.

Secondement, I K a proportion auec A I premier cogneu, tout ainsi que le sinus total H K, a proportion auec D H : mais tout cecy vous entendrez du sinus des arcs.

Ayant donc D H, iceluy monstre combien d'heures sont passees depuis midy, & sera la responce de la question.

Supputation.

$$
\begin{array}{cc}
90 & 90 \\
51.30 & 30 \\
\end{array}
$$

$$
90 \ldots 38.30 \ldots\ldots 60
$$
$$
100000 \ldots 62251 \ldots\ldots 86602.
$$

Viennent 53910, son arc fait 32 degrez 37 minutes pour l'arc I H,

$$
\begin{array}{c}
90 \\
32.37 \\
\end{array}
$$

$$
57.23 \ldots\ldots 30 \ldots\ldots 90
$$
$$
\text{I K} \qquad \text{I A} \qquad \text{K H}
$$
$$
84429 \ldots 50000 \ldots 100000.
$$

Viennent 59482, son arc fait 36 degrez 30 minutes, lesquels conuertis en heures par 15 donnent 2 heures 26 minutes.

178. Item, il y a vne sphere, sur laquelle ie trouue qu'il est 9 heures 24 minutes deuant midy. Or le cercle horaire d'icelle heure couppe l'horizon : de sorte qu'entre le midy, & cedit cercle il y a sur l'horizon 30 degrez : on demande, à quelle hauteur icelle sphere estoit mise ? facit 51 ½ degrez.

Pour refpondre à cecy, il nous faut leuer 9 heures 34 minutes de 12 heures, & il refteront 2 he. 26 mi. lefquelles reduites en degrez de l'equateur par 15, vient 36 ½ degrez, & pour autant eft le Soleil encores diftant du midy. Or prenant la precedente figure l'arc D H fera 36 ½ degrez, duquel le finus a proportion au finus entier H K, tout ainfi que le finus de l'arc A I, lequel par l'hypothefe fait 30 degrez, a proportion auec le finus de l'arc I K, lequel trouué, fon complément I H fera cogneu.

Secondement, le finus de l'arc I E (complément de A I) a proportion auec le finus I H, tout ainfi que le finus total E A auec le finus de l'arc A D : lequel trouué, fon complément D B fera manifefte.

Supputation.

12
9.34
───
2. 26

36.30 . . . . . 90 30
D H   H K.   A I
59482   100000   50000.

Viennent 84429, dont l'arc fait 57. 23.

90   90
30   57.23
───────────
60 . . . . . . 32.37 90
I E   I H   E A
86602   53910   100000.

Viennent 62231, dont l'arc fait 38 ¾ degrez, fon complément 51 ½ fera la folution de la queftion.

179.   Item, la longitude d'Augufte eft 33 degrez, & celle d'Anuers 26 degrez 36 minutes: on demande, en quelle ville il eft pluftoft midy, & par combien de temps? facit en Augufte il eft 25 minutes d'vne heure pluftoft midy qu'en Anuers.

S'enfuit la fupputation.

33 .
26. 36
───
6.24,

$$6.24. \qquad (9$$
$$4 \qquad 2 *5$$
$$\overline{} \qquad 2,5|1..9$$
$$24 \qquad 4$$
$$1...36 \qquad 36$$

Facit 25 minutes 36 secondes.

180. Item, il y a vne ville sous l'equinoctial, & vne autre distante d'i-
celuy 60 degrez: on demande, combien soit leur distance quand elles different au midy vne heure? facit 917 lieuës.

Soit A C le quart de l'equinoctial, auquel est la
ville A, & vne autre F, & le pole du monde B; le
Meridien du lieu A, est B A; celuy de F est B E; la
difference de leur longitude est A E d'vne heure,
ou 15 degrez; l'arc A F est la distance que nous
cherchons.

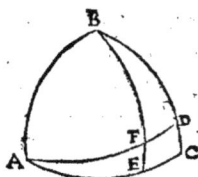

Le sinus total B E se tient au sinus C E, complément de la difference des longitudes, tout ainsi que B F, complément de la seconde
ville, au sinus D F, complément de leur distance.

Supputation.

$$90$$
$$15$$
$$\overline{}$$

$$90 \dots 75 \dots 30$$
$$\text{B E} \qquad \text{C E} \qquad \text{B F}$$
$$100000 \quad 96592 \quad 50000.$$

Viennent 48296, dont l'arc fait 28 degrez 53 minutes, son complément 61 degrez 7 minutes, lesquels par 15 font 916 ¼ lieuës pour la
distance.

181. Item, il y a vne ville sous l'equinoctial, & vne autre distante d'i-
celle 917 lieuës: on demande, combien le pole est haut en la seconde ville, quand leur longitude differe 15 degrez? facit 60 degrez.

En la precedente figure l'arc A F est cogneu, mais nous cherchons E F, lequel se trouuera ainsi: le sinus C E, complément de la
difference des longitudes, se tient au sinus total B E, comme le sinus
complément de D F, complément de la distance, au sinus B F, la hauteur du pole de la deuxiesme ville.

V iij

Supputation.

Item, 917 font 61 degrez 7 minutes, fon complément 28. 53.

```
            90
            15
         ─────
    75          90          38. 53
    96592       100000      48296.
```

Viennent 50000, dont l'arc 30 leué de 90, le reste 60 degrez est la hauteur du pole.

182. Item, il y a vne ville fous l'equinoctial, & vne autre distante d'icelle 917 lieuës : on demande, combien elles different au midy, quand la latitude de la feconde ville eft 60 degrez?

En la precedente figure l'arc A F eft cogneu, & par confequent fon complément, auquel le finus de l'arc B F complément de la latitude de la feconde a proportion tout ainfi que le finus total au finus de l'arc C E, complément de la difference des longitudes.

Supputation.

Les 917 lieuës font 61 degrez 7 minutes.

```
      90          90
      60          61. 7
    ─────       ─────
      30          28. 53        90
    50000        48296        100000.
```

Viennent 96592, dont l'arc fait 75 degrez, & fon complément 15 monftre que ces deux villes different au midy par vne heure.

183. Item, il y a deux villes Septentrionnales, l'vne eft diftante de l'Equateur 30 degrez, & la hauteur du pole de l'autre eft 66 degrez, & la difference de leurs longitudes eft 38½ degrez: on demande, combien de lieuës icelles font diftantes? facit 643½ lieuës.

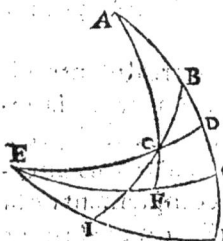

Item, cefte queftion eft du tout femblable à la precedente 179. partant auons obmife la demonftration, comme chofe inutile, de repeter tant de fois ce que nous auons fuffifamment declaré audit lieu.

Supputation.

90	38.30	60
AF	FG	AC
100000	62251	86602.

Viennent 53910, fon arc fait 32 degrez 38 minutes, & fon complément CE 57 degrez 22 minutes.

57.22	30	90
EC	CF	ED
84213	50000	100000.

Viennent 59373, fon arc fait 36 degrez 26 minutes, auec l'arc GH 24 degrez, il fait 60, 26.

90	60.26	57.22
ED	DH	EC
100000	86978	84213.

Viennent 73246, dont l'arc fait 47 degrez 6 minutes, pour CI, fon complément 42 degrez 54 minutes rend l'arc BC cogneu, diftance des 2 villes, lefquels multipliez par 15, font 643 ½ lieuës.

184. Item, il y a vne fphere mife à la hauteur du pole 51 ½ degré, à laquelle eft mis le cercle de la pofition en forte que ce pole eft efleué fur iceluy 32 degrez 9 minutes: on demande, quel degré de l'equinoctial refpond à cefte hauteur? facit 6 degrez.

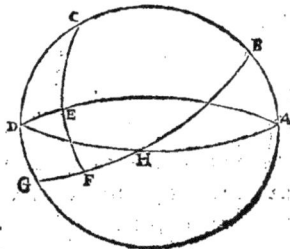

Soit le cercle Meridien ABCD, l'equinoctial BHG, le pole du monde C, le cercle de la pofition DEA, la hauteur du pole fur ledit cercle eft determinee par l'arc CE, lequel monftre en l'equinoctial F. Or l'arc FG eft l'arc cherché.

Premierement, nous faut trouuer ED comme s'enfuit: le complément de l'arc CE fe tient au complément de l'arc CD, tout ainfi que le finus total au complément de l'arc ED. Or les 3 font cogneus, car CE eft 32 degrez 9 minutes, & CD 51 ½ degrez: mais tout cecy fe doit entendre des finus, & non des arcs.

Secondement, CD fe tient à DE, tout ainfi que le finus total à FG: cecy s'entendra femblablement de leurs finus.

Supputation.

90	90
32.9	51.30

57.51	90	38.30
84665	100000	62251.

Viennent 73526, dont l'arc fait 47 degrez 20 minutes, & son complément 42,40.

51.30	41.40	90
C D	E D	C G.
78260	67773	100000.

Viennent 86600, dont l'arc fait 60 degrez pour F G.

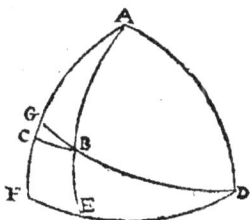

185. Item, il y a deux villes Septentrionnales, l'vne est distante de l'equinoctial 66 degrez, & la difference de leurs longitudes est 38 ½ degrez, & la distance de l'vne à l'autre lieües 643 ½ : on demande, combien est la hauteur du pole de la seconde ville? facit 30 degrez.

Soit le pole du monde A, la premiere ville B, la seconde ville C, le Meridien de la ville B est A B E, celuy de la ville C est A C F, l'arc E F est la difference de leur longitude, faisant en cest exemple 38 ½ degrez, B E fait 66 degrez, & B C 643 ½ lieües, ou 42 degrez 54 minutes: mais l'arc G F est incogneu, lequel se trouuera comme s'ensuit.

Premierement, vous trouuez B G en ceste sorte: le sinus total A E se tient au sinus E F difference des longitudes, comme le sinus A B, complément de B E au sinus B G, de ce les 3 estans cogneus, rendent le quatriesme B G cogneu, lequel s'appelle le premier trouué.

Secondement, vous trouuerez G F comme s'ensuit: Le sinus du complément B G premier trouué, lequel est l'arc D B, est au sinus B E, comme le sinus total D G, au sinus F G; lequel cogneu s'appellera le second trouué.

Tiercement, vous chercherez G C comme s'ensuit: Le sinus du complément B G premier trouué, est au sinus du complément B C, distance des villes, côme le sinus total, au sinus du complément G C:

les

les 3 premiers eſtans cogneus, rendent le quatrieſme auſſi cogneu, enſemble l'arc G C ; oſtant G C de G F ſecond trouué, il en reſtera C F hauteur du pole de la ſeconde ville.

Supputation.

		90
		66
90	38.30	24
A E	E F	A B
100000	62251	40673.

Viennent 25319, duquel l'arc eſt 14 degrez 40 minutes pour B G.

90
14.40

75.20	66	90
D B	B E	D G
96741	91354	100000.

Viennent 94431, duquel l'arc fait 70 degrez 47 minutes G F.

90
42.54

75.20	47. 6.	90
96741	73246	100000.

Viennent 75713, duquel l'arc fait 49 degrez 13 minutes, ſon complément fait 40 degrez, 47 minutes.

Second trouué	70	47
Tiers trouué	40	47

Reſte l'arc C F 30 degrez.

186. Item, il y a deux villes Septentrionnales, dont l'vne a la hauteur du pole 30 degrez, & l'autre 66. La diſtance de l'vne à l'autre eſt 643 ½ lieuës, deſquelles 15 font vn degré : on demande, combien ſoit la différence de leur longitude ? Facit 38 ½ degrez.

Ceſte queſtion eſt bien difficile à ſoudre ſuiuant la regle qu'a mis Valentin ſur telles queſtions ; mais nous la pouuons practiquer plus facilement par triangles plains, comme s'enſuit.

Premierement, vous prendrez le complément de 66 degrez, qui

X

eſt 24 degrez, auquel vous adiouſterez la moindre latitude 30 degrez
viennent 54 degrez, ſemblablement vous leuerez 24 degrez de 30
degrez, & le reſte ſera 6 degrez. Le ſinus de 54 degrez eſt 80902, &
celuy de 6 degrez eſt 10452, tirant l'vn de l'autre il en reſtera 70450,
dont la moytié 35225 ſera le premier trouué. Puis vous adiouſterez
le premier trouué à 10452, & le produit ſera 45676, la diſtance
643½ lieües reduites en degrez viennent 42 degrez 54 minutes, dont
le complément fait 47 degrez 6 minutes, & ſon ſinus 73254, duquel
j'oſte les ſuſdites 45676, il en reſtera 27578, qui s'appelle le ſecond
trouué.

Secondement, le premier trouué ſe tient au ſecond trouué, tout
ainſi que le ſinus total au ſinus du complément de la difference des
longitudes. Or de ces 4 termes proportionnaux, les 3 premiers ſont
donnez, & par la ſeizieſme du ſixieſme ſera le quatrieſme cogneu.
Lequel oſté de 90, il en reſtera la difference cherchee.

$$
\begin{array}{l}
90 \\
66
\end{array}
$$

$$
\begin{array}{ll}
24 & 30 \\
30 & 24 \\
\hline
54 & 6 \\
80901 \;\text{---}\; 10452 \qquad 35224 \\
10452 \qquad\qquad\qquad\qquad 10452 \\
\hline
70449 \qquad\qquad\qquad\qquad 45676
\end{array}
$$

35224.

Item, la diſtance des 2 villes eſt 42 degrez 54 minutes, ſon complément eſt 47 degrez 9 minutes, duquel le ſinus eſt 73254.

$$
\begin{array}{lll}
& 73254 & \\
& 45676 & \\
\hline
35224 & 27578 & 100000.
\end{array}
$$

Viennent 78260, dont le ſinus fait 51½ degrez, & ſon complément
38½ pour la difference des longitudes qu'il nous falloit chercher.
187. Item, il a deux villes Septentrionales, dont la hauteur du pôle
de la premiere eſt 51½ degrez, & ſa longitude 20 degrez 16 minutes, la
latitude de l'autre eſt 47 degrez 31 minutes : on demande, combien

fera la longitude de la feconde ville eftant Orientale de la premiere, quand leur diftance eft 96 lieuës, defquelles les 15 font vn degré? facit 27 degrez 58 minutes.

Cefte queftion eft femblable à la precedente; toutefois pour la diuerfité des operations nous l'auons foudee d'vne autre maniere, qui eft telle.

I'ay pris premierement le complément de la plus grande latitude, lequel eft 38 ½ degrez, auquel i'ay adioufté la moindre latitude 47 degrez 31 minutes, la fomme fait 86 degrez 1 minute, dont le finus eft 99758: derechef les 96 lieuës font 6 degrez 24 minutes, fon complément 83 degrez 36 minutes, dõt le finus 99376 i'ay leué du finus 99758, & le refte eft 382 puis i'ay dit par la regle de proportion, fi 62251 (finus du complément de la plus grande latitude) me donne le finus total, combien donneront ces 382 premierement trouuez? & il en vient 613. En apres ie prend le finus du complément de la plus grande latitude, lequel a proportion au finus total, tout ainfi que 613 premierement trouué, au finus verfe du complément de la difference des longitudes: par la regle donc viennent 907, lequel ie leue du finus total, & reftent 99093, dont l'arc fait 81 degrez 18 minutes, fon complément 7 degrez 42 minutes eft la differéce des longitudes de ces deux villes; or d'autant que la feconde ville eft Orientale de la premiere, il faut adioufter les 7 degrez 42 minutes de là difference à la moindre longitude 20 degrez 16 minutes, & la fomme 27 degrez 58 minutes fera la longitude de ladite feconde ville.

```
  90                  ₰ (6      (6. 24
  51.30               ₰₈
  ─────               ─────
  38.30
  47. 31               90
  ─────               6. 24
  86.1                ─────
  ─────               83.36
  99758.              99376
                                 99758
                                 99376
                                 ─────
  38 ·   · · ·  ─────
  62251      100000      382. viennent 613.
```

$$90$$
$$47.31$$
$$\overline{}$$
$$42.29$$
67537   613   100000.

Viennent 907, ces 907 est le sinus verse du complément de la difference des longitudes.

100000.
          907   90
        $\overline{}$ 82.18
        96093, son arc $\overline{}$
                                          7.42
                                          20.16

   Longitude de la seconde ville.   27.58.

188.   Ceste 188. question est la mesme que Valentin a proposé à la cent cinquantiesme, & par ainsi l'auons obmise, & au lieu d'icelle auons mis celle-cy: Il y a vne ville en laquelle le Soleil declinant de l'equateur par 20 degrez, lorsqu'il atteint le cercle vertical, il est 30 degrez 20 minutes esleué sur l'horizon: on demande la hauteur du pole d'icelle ville? facit. 41. deg. 38. min.

En ceste figure A C B soit le Meridien, A G B l'horizon, & H G I l'equinoctial, le pole d'iceluy D qui est le mesme que du monde, C le

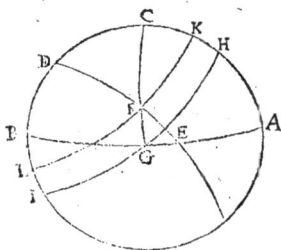

Zenith, duquel descend sur l'horizon le principal cercle vertical C F G, lequel couppe le parallel du Soleil en F: tellement que l'arc de hauteur d'iceluy F G est 30 degrez 20 minutes, & par le poinct F descend du pole D le cercle D F E, duquel l'arc F E, qui est la declination du Soleil, est de 20 degrez. Il faut trouuer l'arc H C, qui est egal à l'esleuation du pole B D: & pour ce faire nous prendrons le triangle rectangle E F G, duquel l'arc F G se tient au sinus total, tout ainsi que l'arc F E a l'angle G ou arc H C, qui partant sera cogneu, & par consequent la hauteur du pole B D.

La supputation.

30.20. 90. 20.
F G F E
50503 . . . . . 100000 . . . . 34202.

Et viennent 67722, à quoy correspondent 42 degrez 38 minutes
pour l'angle G, ou arc H C, qui est la latitude de la ville proposee, à
laquelle latitude est egale la hauteur du pole cherchee B D.

189. Item, il y a vn triangle sphericque A B C:
A est sur l'horizon en l'Orient, & C en midy; le
poinct B est le Zenith, de A est tiré vn arc au Meridien en D; de sorte que C D est egal à B D. Item
de B est tiré vn autre arc touchant l'horizon en
E, & iceluy couppe le premier arc en F: on demande, combien sera D F, & F A, quand B F fait 50 degrez.

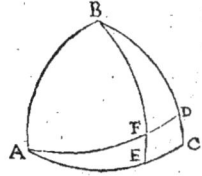

Soit le triangle A B C, l'arc C D fait 45 degrez, & E F 40, complément de B F, lequel par la proposition fait 50 degrez: pour trouuer
donc D F, & F A, le sinus C D 45 degrez se tient au sinus E F 40 degrez, comme le sinus total D A au sinus F A. Or à cause que les 3 termes premiers des 4 proportionnaux sont cogneus, le quatriesme ne
pourra estre incogneu par la seiziesme du sixiesme, & par consequent D F son complément.

C D E F D A
45. 40. 90
70710 64278 100000.

Viennent 90903, son arc fait 65 degrez 22 minutes pour F A, & son
complément 24 degrez 38 minutes pour D F.

190. Item, il y a 3 villes, A, B, C, celles de A &
C, sont dessous l'equinoctial, & leur distance est
1003½ lieuës, desquelles il y en a 15 en vn degré.
Et l'autre ville B est Septentrionale de C, lieuës
675, & de A, lieuës 825, & de B il y a vn chemin à
rectangle sur A C en O: on demande, combien
de lieuës, il y a de B en O, de O en C, & de O en
A? Facit 594½ pour B O; 413¾ pour C O; & 589¾
pour O A.

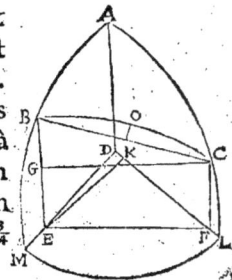

Combien que nous eussions peu soudre ceste

question plus briefuement par la practique des triangles plains, comme nous auons soudé 186. & 187. toutesfois pour monstrer la diuersité des solutions, nous l'auons practiquee par l'aide des triangles spheriques, en la sorte qui s'ensuit.

Premierement, nous reduisons toutes les lieuës en degrez par 15, & par ainsi nous trouuons que l'arc A B fait 55 degrez, A C 66 degrez 54 minutes, & B C 45 degrez; pour donc parfaire le reste, il nous faudra premierement auoir l'angle A, lequel nous trouuerons, comme s'ensuit.

Soit prolongé l'arc A C iusques au quart d'vn cercle, semblablement A B, & le centre de la sphere sera D. L'angle plain D est egal à l'angle A spherique, pour estre determiné d'vn mesme arc L M; ce fait ie tire vne perpendiculaire du poinct C en bas sur la plaine, laquelle sera C F, sinus du complément de l'arc A C, lequel sinus sera 39233, & vne autre B E, laquelle sera 57357, pour estre sinus du complément A B, puis ie tire F E, & de C vne equidistante à icelle, qui sera C G; leuant donc E G 39233, de E B 57357, il en restera pour B G 18124. Maintenant ie prends le sinus de la moytié de l'arc C B, lequel fait 38268, lequel ie double, & il en vient 76536 pour la subtence B C. Or puis que B C est cogneu & B G, par la penultiesme du premier sera cogneu C G, & par consequent E F: car ie prend le quadrat de B C, lequel fait 5857759296, duquel ie leue le quadrat de B G 328479376, & il en reste 5529279920 pour le quadrat de C G, ou qui est egal à iceluy E F. Du triangle plain D E F les 3 costez sont cogneus, car E F est ia trouué, D F est le sinus de l'arc A C, lequel fait 91982, & D E le sinus de A B, lequel fait 81915: pour auoir donc la perpendiculaire E K, laquelle subtend l'angle D cherché, nous suiurons la penultiesme du secod, prenat le quadrat D F, 8469688324, lequel i'adiouste au quarré de D E 6710067225. La somme fait 15170755549, de laquelle ie leue le quadrat de E F 5529279920, & il en reste 9641475629, dont la moytié 4820737814 diuisee par D F 91982, base du triangle, il en vient 52409 pour la droicte D K. Si donc le quadrat de D K 2746703281 est leué du quadrat D E 6710067225, il en restera par la penultiesme du premier, 3963363944 pour le quadrat de la perpendiculaire E K, dont la racine 62955 rend cogneuë icelle perpendiculaire. Puis ie mets E K en parties dont D E fait 100000, disant D E 81915 me donne E K 62955, côbien le sinus total, & il en vient 76854, dont l'arc 50 degrez 13 min. rend cogneu l'angle D plain, & le spherique A egal au plain D.

Faisons secondement vn triangle spherique tout
seul, auquel tirons B O à angle droict sur A C, &
prenons semblablement du precedent triangle
plain la droicte E K 61955, icelle est le sinus de l'arc
B O, dont l'arc fait 39 degrez vne minute, pour iceluy arc B O. Nous eussions peu trouuer iceluy arc
B O autrement, car du triangle B O A, l'angle O
droict se tient à son arc subtendant A B, tout ainsi que l'angle A der-
nierement trouué à l'arc B O; les 3 sont cogneus, & partant B O. Tiercement vous trouuerez A O, comme s'ensuit : Le complément de
B O se tient au complément de A B, tout ainsi que le sinus total au
complément de A O : Mais cecy vous l'entendrez des sinus. Les 3 cogneus rendent le quatriesme cogneu, & par consequent A O. Maintenant A O cogneu, O C sera semblablement cogneu, pour estre le
reste de l'arc A C : mais nous voulons trouuer O C par l'aide des
triangles spheriques, disant que le complément B O est au complément de B C, comme le sinus total au complément de O C; les 3 derechef donnez rendent le quatriesme cogneu, ensemble l'arc O C.
La preuue sera telle, adioustez l'arc A O à l'arc O C, & la somme sera
egale à l'arc A C.

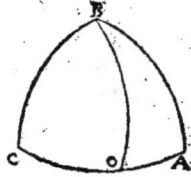

Supputation.

	90		90		
B O.	39. 1	A B	55		
	50. 59		35		90
	77696		57357		100000.

Viennent 73822, dont l'arc fait 47 degrez 35 minutes, & son complément 42 degrez 25 minutes sera A O.

		90		
	B C.	45		90
50. 59		45		
77696		70710		100000.

Viennent 91008, dont l'arc est 65 degrez 31 minutes, & le complément d'iceluy 24 degrez 29 minutes pour l'arc O C.

42. 25	24. 29	39. 1
15	15	15
210	120	195
426 $\frac{1}{4}$	247 $\frac{1}{4}$	39 — $\frac{1}{4}$

A O 636 $\frac{1}{4}$ O C. 367 $\frac{1}{4}$ 585 $\frac{1}{4}$ B O.
O C 367 $\frac{1}{4}$

A C 1003 $\frac{1}{2}$

Notez que la refponce de Valentin eft fauffe, & qu'il n'y a pas vn arc auquel il ait mis fa vraye grandeur.

191.   Item, il y a vne fphere mife à la hauteur du pole 51 $\frac{1}{2}$ degrez, & le cercle de pofition eft efleué tellement qu'il comprend iuftement 60 degrez de l'equinoctial : on demande, combien le pole foit efleué fur iceluy cercle de la pofition? facit 32. degrez 2. minutes.

Soit au cercle Meridien le pole C, l'equinoctial B G, le cercle de la pofition A E D, par lequel en E paffe vn cercle horaire C F, de forte que F G fait 60. degrez : on demande, combien fera alors C E?

Premierement, vous chercherez l'arc E D, difant que le finus total C G fe tient au finus F G arc de l'equinoctial cogneu, comme le finus C D hauteur du pole, au finus de l'arc E D. Les 3 premiers eftans donnez rendent E D cogneu.

Secondement, le complément E D premier trouué eft au finus D G hauteur de l'equinoctial, tout ainfi que le finus total au finus E F, les 3 donnez, le quatriefme fera cogneu, & par confequent fon complément C E.

Supputation.

90	60	51.30
C G	F G	C D
100000	86602	78260.

Viennent 67773, duquel l'arc eft 42 degrez 40 minutes pour E D.

90
42. 40

47. 20.	30. 30.	90
73526	62251	100000.

Viennent 85665, fon arc fait 57 degrez 51 minutes, & fon complément

ment 32 degrez 9 minutes eſt l'arc C E, hauteur du pole deſſus le cercle de poſition.

192 Item, i'ay mis entr'autres vn horloge Occidental à la hauteur
du pole de 51½ degrez, & quand ie le tournois 24 degrez 19 minutes
de midy vers Occident, il me monſtroit 2 heures apres midy : on demande, à quelle heure il eſtoit ? Facit 12 heures. Touchant à ce qu'il
veut tourner vn horloge Occidental (duquel la ſuperfice plaine eſt
miſe ſur la ligne Meridienne) de midy vers Occident, cela ne peut
eſtre : car le Soleil ne pourroit regarder alors audit mur, ains regardera pluſtoſt l'horloge Oriental ainſi tourné, partant il a voulu dire
que ledit horloge Occidental ſoit tourné de midy vers Orient, &
ainſi regardera le Soleil ladite ſuperfice.

Et pour ſupputer combien le Soleil
deuroit eſtre diſtant du midy, que la ligne horaire coupperoit ſur l'horizon 24
degrez 19 minutes, prenez la figure de la
175. queſtion , & dites que l'arc A I ſur
l'horizon eſt 24 degrez 19 minutes, & la
queſtion ſera de trouuer l'arc D H de
l'equinoctial.

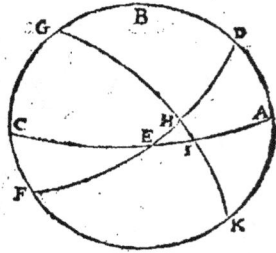

Par la 177. queſtion vous trouuerez
pour D H 30. degrez ou 2 heures, leſquelles tirees des 2 heures que
l'horloge monſtroit, il ne reſte rien dont s'enſuit qu'il eſtoit midy ou
12 heures.

193. Item, le 12 de Iuin de l'annee 1561. ie vis ſur vn horloge
Oriental qu'il eſtoit 9 heures deuant midy : on demande, de quelle
longueur l'ombre eſtoit quand la longueur du ſtyle eſtoit d'vn pied ?
Facit d'vn pied.

Les 9 heures ſont diſtantes du midy 3 heures, ou 45 degrez de l'e-
quinoctial , leſquels pour eſtre la moytié du quadrant rendront
l'ombre touſiours egale auec ſon ſtyle ou gnomon.

194. Item, vn iour le Soleil entrant au ſigne de Cancer, ie m'en allois pourmener à l'entour de la ville d'Anuers , où le pole eſt eſleué
51½ degrez par le Soleil, ie vis mon ombre eſtre lõgue½ de mes pieds :
la demande eſt, quelle heure il eſtoit alors quand toute ma longueur
eſt comptee pour 7 pieds ? Facit 3 heures apres, ou 9 heures deuant
midy.

Pour reſpondre à cecy, il faut premierement auoir la hauteur du

Y

Soleil au dit moment, laquelle se trouuera par ceste maniere. Les 6½ ie reduis en ses parties, & il en viennent 41, & les 7 pieds de la hauteur semblablement, & il en viennent 42, le quadrat de 41 fait 1681, celuy de 42 fait 1764, & la somme d'iceux 3445, dont la racine quarree est 58⁶²⁴⁄₇₀₀₀, pour la subtendante du sommet de la teste iusques au bout de l'ombre: puis ie dy si 58⁶²⁴⁄₇₀₀₀ font 42, cōbien 100000? viennent 71558, dont l'arc est 45 degrez 42 minutes pour la hauteur du Soleil. Le reste est semblable à la 172. question.

	38¼	38½	88294	57087
	23¼	23½	25881	25881
	62.	15.	114175	31206.

88294.   25881.   57087.

Le premier trouué 57087, le second 31206, sinus de la hauteur du Soleil 71558.

71558
31206

57087   40352   100000.

Viennent 70710, dont l'arc fait 45 degrez ou 3 heures, son complément fait autant: *Ergo* le temps de ceste examination estoit à 3 heures apres midy, ou à 9 heures deuant midy.

195. Item, vn iour estant le Soleil au plus haut de l'annee, ie me trouuay à 3 heures apres midy sur vne belle verdure & plaine, où la latitude estoit 51½ degrez, & ie vis vne partie de l'ombre d'vne tour, & voulant trouuer la hauteur de ladite tour par son ombre, ie fis à l'extremité de l'ombre vn signe, semblablement i'en fis vn autre à 4 heures, puis mesurant la distance de ces deux signes, ie la trouuay 4831½ pieds: la demande est, de quelle hauteur ladite tour estoit? facit 11464 pieds.

Premierement, i'ay cherché selon la 170. question la hauteur du Soleil, tant à 3 heures qu'à 4 heures, ensemble les 2 Azymuthz, dont la difference estoit 10 degrez 30 minutes, lequel s'ensuit cy apres.

Secondement, ie fay vn arc de l'horizon B C D, dont le centre est A, l'azymuthz à 3 heures vient en C, & celuy des 4 heures en D, la difference est 10 degrez 30 minutes pour l'arc C D, soit donc que l'ombre à 3 heures soit en E, & celle des 4 heures en F, la difference des ombres est E F.

Si le finus de la hauteur du Soleil à 3 heures
fut le gnomon, donc A E, finus du complément
d'icelle hauteur, monftrera la longueur de l'ombre : mais mettons icelle ombre en parties, dont
le gnomon fait 100000, difant 71569, donne
69841 pour A E, combien 100000, viennent
97585, pour A E en parties, dont le gnomon fut
100000 : faifons femblablement de l'ombre AF,
difant fi 59762 font 80177, combien feront 100000, viennent 134161,
pour A F en parties, dont le gnomon fait 100000.

Tiercement cherchons G E : car H C eft le finus de l'arc C D, difant fi 100000 pour A C donne C H 18223, combien 97585 A E, viennent G E 17783, femblablement nous trouverons A G, difant fi A C
100000 me donne A H 98325, combien A E 97585, viennent pour
A G 95950, duquel ie leue A F 134161 reftent pour F G 38211, dont le
quadrat adioufté au quadrat G E, il en vient 1776315610, dont la racine fait 42146 pour F E.

Quartement, ie dy, fi la differēce eft 42146, le gnomon fera 100000,
combien fi l'ombre fait 4831½? vient 11464 pour la hauteur de la tour.

*S'enfuit la fupputation de ce dont nous-nous fommes feruy par cy-
deuant, à fçauoir, les Azymuhz & Almi-
cataraths du Soleil.*

90	38. 30	38. 30	88294
51. 30	23. 30	23. 30	25881
38. 30	62	15.	114175
	88294	25881.	57087
	3		25881
	15		31206.
	45		
100000	70710	57087.	

Viennent 40366, auquel i'adioufte le fecond trouné 31206, & la
fomme 71572 eft le finus de la hauteur du Soleil à 3 heures½ l'arc fait
45. 42.

$$4$$
$$15$$

90	60.
60.	

$$30$$

100000   50000   57087.

Viennent 28543, auquel i'adioufte 31206, viennent 59749 pour le finus de la hauteur du Soleil à 4 heures, fon arc fait 36, 42.

Les *Azymuthz.*

90	3
45. 42	15.

43. 18.   66. 30.   45
69841   91706   70710.

Viennent 92847, dont l'arc eft 68 degrez 13 minutes pour l'Azymuthz à 3 heures.

90	4
36. 42	15

53. 18.   66.30.   60
80177   61706   86602.

Viennent 98056, dont l'arc fait 78 degrez, 41 minutes pour l'Azymuthz à 4 heures. La difference des 2 Azymuthz fait 10,30, & d'autant a differé l'ombre fur l'horizon aux deux inquifitions.

196. Item, vn iour le Soleil eftant au plus haut de l'annee, ie me trouuay en vne place où la hauteur du pole eft 51 ½ degrez, ie regarday à 3 heures apres midy par vne feneftre, & vis vne maifon qui me monftra vn cofté droictement vers Loüeft ou Occident, au mefme cofté de ladite maifon eftoit vne porte d'vne feneftre, tirat 30 degrez de l'Occident vers minuict, & la largeur de ladite porte eftoit iuftement vne aulne: on demande la largeur de l'ombre? Facit

$$\frac{43301}{50000} \text{ d'vne aulne.}$$

Premieremēt, ie cherche par la 170. queftion la hauteur du Soleil, qui eft 45 degrez 42 minutes, & par le Corollaire d'icelle l'Azymuthz, comme s'enfuit.

90	90	3
45. 42	23	15
43. 18	66.30	45.
69841	91706	70710.

Viennent 92847, dont l'arc fait 68 degrez 12 minutes pour l'Azymuthz du Soleil.

90
68.12.

21.48
30

51.48, dont le sinus fait 78585.

100000   78585.   1. aulne facit $\frac{78585}{100000}$

Valentin ayant pris pour l'azymuthz 60 degrez, trouue $\frac{41101}{100000}$, auquel il s'abuse, comme le susdit calcul l'a demonstré.

197. Item, il y a vn horloge equinoctial, diuisé en 24 parties egales, & le diametre de ceste circonference est vn pied. La demande est, de quelle longueur le style doit estre, le Soleil estant en Cancer, que le bout de l'ombre d'iceluy style touche la circonference? facit $\frac{11}{17}$ d'vn pied.

Le Soleil en Cancer decline de l'equinoctial 23 ½ degrez, & son complément fait 66 ½ degrez: de sorte qu'en l'horloge equinoctial, le style se tient à son ombre, tout ainsi que le sinus de 23 ½ degrez au sinus de 66 ½ degrez.

66.30.   23.30
91706 ——— 39874. ½ pied, facit $\frac{39937}{91706}$.

La vraye responce de la question est $\frac{39937}{91706}$ d'vn pied, lequel est quasi $\frac{11}{25}$: mais Valentin met $\frac{11}{17}$ d'vn pied, dont il appert que sa solution est fausse, lequel procede qu'il a pris la moytié de 23 ½, à sçauoir 11 ¾ degrez pour la declination du Soleil.

198. Item, en Anuers est la hauteur du pole 51 ½ degrez, & le Soleil se depart en vn certain iour à 4 heures & 39 minutes apres midy du costé Meridionnal, sur le costé Septentrionnal. La demande est, en quel signe le Soleil residoit audit iour? facit au commencement de Cancer.

Soit repetee la figure de la 188. prop. en laquelle, côme dit est ACB soit le Meridien, AGB l'horizon, & HGI l'equinoctial, son pole qui eſt celuy du monde D, le Zenith C, le cercle C G vertical , ſepare le coſté Meridionnal d'auec le Septentrionnal, le parallele du Soleil couppe ledit cercle en F, de ſorte que l'arc H E fait 4 heures 39 minutes. La demande eſt, combien fait l'arc E F declination du Soleil, lequel cogneu, le lieu du Soleil ſera maniſeſte.

Premierement, nous prendrons le triangle C D F, duquel le ſinus de l'angle C droiƈt ſe tient au ſinus de l'angle D, egal à l'arc H E, tout ainſi que le ſinus du complément C D , hauteur du pole, au ſinus de l'angle F, les 3 donnez, le quatrieſme ſera donc trouué par l'aide de la ſeizieſme du ſixieſme.

Secondement, le ſinus de l'angle F ſe tient à ſon arc ſubtendant C D, tout ainſi que le ſinus total de l'angle C droiƈt, au ſinus de l'arc F D luy ſubtendant. Les 3 ſont donnez, & par conſequent le quatrieſme F D, dont le ſuplément eſt E F declination du Soleil cherché

Supputation.

```
          4.39
          15
        ─────
          60.
          9. 45
```

90	69. 45.	51 ½
100000	93819	78260.

Viennent 73422, dont l'arc fait 47 degrez 15 minutes, & ſon complément fait 42 degrez 45 minutes pour l'angle C F D.

42. 45	38. 30	90
67880	62251	100000.

Viennent 91707, dont l'arc fait 66 degrez 30 minutes, & ſon complément 23 degrez 30 minutes, dont s'enſuit que le Soleil eſtoit en ſa plus grande declination de l'equinoƈtial, & par conſequent au principe de Cancer.

199. Item, quand le Soleil eſt au commencement de Cancer, & l'ombre du Soleil vient à 4 heures & 39 minutes du coſté Meridion-

nal au cofté Septentrionnal : on demande, combien le pole eft efleué en icelle place ? Facit 51 ½ degrez.

$$4.39$$
$$15$$
$$\overline{}$$
$$60$$
$$9.45$$
$$\overline{}$$
$$69.45$$

En cefte queftion nous cherchons l'arc H C, pour lequel trouuer conuient auoir l'arc F G hauteur du Soleil au cercle vertical.

Premierement, le finus total de l'angle C droict fe tient au finus de F D, luy fubtendant, lequel eft le complément de la declination du Soleil, comme l'angle D donné, à l'arc C F, lequel cogneü E G eft trouué.

Secondement, le finus de l'arc F G, eft au finus de F E, declination du Soleil, comme le finus total C G, au finus H C : mais pource que les 3 termes font donnez, le quatriefme par l'aide de la regle des proportions eft cogneu.

Supputation.

90	69.45	66.30
100000	93819	91706

Viennent 86037, dont l'arc fait 59 degrez 21 minutes.

90		
59.21		

30.39	23.30	90
50973	39879	100000

Viennent 78225, fon arc fait 51 ½ degrez, lequel eft la refponce de la demande.

200.   Item, quand le Soleil eftoit au plus haut de l'année, ie m'en allois pourmener d'Anuers à Hobocq, où la hauteur du pole eft 51 ½ degrez. Là ie vis vne maifon laquelle auoit les 4 coftez vers les 4 parties du monde, à fçauoir, l'vn cofté vers Orient, l'autre vers Occident, le troifiefme vers Midy, & le quatriefme vers Septentrion. La demande eft, à quelle heure le Soleil fe depart du cofté Septentrionnal au cofté Meridionnal ? Facit à 7 heures & 2 minutes du matin.

Prenons finalement la precedente figure, de laquelle reseruerons toutes les significations des lettres y mises, d'autant que la presente question depend de la precedente. La question en icelle figure, est de trouuer l'angle D, ou l'arc H E, comme s'ensuit.

Premierement, nous chercherons l'arc F G, hauteur du Soleil au cercle Oriental, en disant que le sinus H C latitude d'icelle contree est au sinus total C G, tout ainsi que le sinus E F declination du Soleil, au sinus F G: & puis que les 3 premiers termes sont donnez, le quatriesme sera cogneu, & par consequent l'arc C F.

Secondement, le sinus F D, complément de la declination du Soleil, se tient à son angle C droict, tout ainsi que le sinus F C premier trouué, au sinus de l'angle D, & des 4 termes proportionnaux, les 3 donnez rendent le quatriesme cogneu, & par consequent H E. L'arc H E reduit en heures, lesquelles leuez de 12 heures donnent responce à la demande.

Supputation.

$$51.30 \longrightarrow 90 \longrightarrow 23.30$$
$$78225 \longrightarrow 100000 \longrightarrow 39874.$$

Viennent 50973, dont l'arc fait 30 degrez 39 minutes pour F G, & son complément C F 59, 21.

$$66.30 \longrightarrow 90 \longrightarrow 59.21$$
$$93816 \qquad 100000 \qquad 86037.$$

Viennent 93819, dont l'arc fait 69 degrez 45 minutes ou 4 heures 39 minutes, lequel tire de 12 heures, & il en resteront 7 heures 21 minute pour la solution de la demande.

F I N.

Le Lecteur sera aduerty, que la figure de la 118. question a esté omise par in-aduertance, laquelle a esté mise icy afin de suppleer au defaut qui en a esté fait en son lieu.

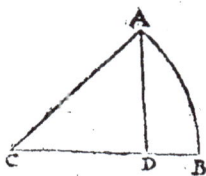

BRIEFVE

www.ingramcontent.com/pod-product-compliance
Lightning Source LLC
Chambersburg PA
CBHW071449200326
41519CB00019B/5673